每個角落都好看的家提案

軟裝師都在學！

小さなスペースではじめる
飾る暮らしの作り方

21項
日本職人傳授的
空間佈置技巧
×
54個
質感陳設練習

Mitsuma Tomoko——著

大師親身示範的
祕訣&創意

透過五花八門的事物，為生活增添豐富且多樣的色彩。

無論是在網路上搜尋到的，還是無意間在商店裡看到自己喜歡的物品，

不假思索地購買雖然沒有什麼不好，

但是如果理解基礎知識和獨門祕訣的話，會讓生活變得更加愉快。

不想過度努力，也不想刻意裝腔作勢，

但希望生活可以過得很舒適，讓每天都是最棒的一天。

「大師親身示範的祕訣&創意」系列就是最適合這種人的書籍。

這個領域的專家們，透過自身經驗累積而成的祕訣，

以及為了在日常生活中確實執行而提出的創意與發想，

透過美麗的照片和淺顯易懂的解說，毫無保留地介紹給大家。

前言

我在美術大學就讀時，曾經修過平面設計課程，因為對陳列和擺設有興趣，藉由工作的機會，首次踏入這個領域。

在身體力行學習各項知識的過程中，我再次意識到原來陳列擺設就是一種宣傳方式。我在大學時期主修廣告，逐漸被用來當成宣傳活動的陳列擺設給吸引，並感受到平面設計所沒有的新鮮感，就是從立體物件本身的趣味性而來。透過陳列擺設進行宣傳，如果將平面設計和立體呈現的部分完美結合的話，就會極具效果性，成為可以活用空間的廣告。

當我每天忙著從事裝飾擺設工作之際，很自然地開始在自家的一小部分區域進行擺設。當時我居住在狹小的公寓裡，雖然只是很小的空間，但在家中，我會在好幾個位置上進行擺設。像是玄關正面的小台子，固定在廁所牆壁上的小棚架，以及電視機旁邊剩下的小空間等，這些全部都是在狹窄的空間限制下，用心創造出來的空間。下班回家的路上，我會買一些打算裝飾在這個空間的花草回家，或是擺上自己喜歡的創作者所製作的玻璃作品。和上班時做的企劃宣傳活動的呈現方式不同，是相當輕鬆的「裝飾」。

百貨公司的大型櫥窗展示的確是相當富有成就感的工作，但在自己家中的小小「裝飾」不僅可以讓我感受到季節變化，也讓我重新認識自己喜歡的東西。

於是我注意到了，其實工作上的擺設和自己家中小小的「裝飾」具有同樣的意義和效果。我開始有一種像是將工作累積的東西，自然而然地融入家中那樣的感覺，這個小小的「裝飾」本身其實具備了各式各樣的可能性。我感受到透過裝飾這件事，能讓自己產生心境上的變化。

因為自己的房子要重新改建，我第一時間想到的就是「想保留陳列擺設的空間」。即使那個空間很小也沒關係，只是非常單純的，就像家中有個展示櫥窗那樣。我在新家也充分享受了裝飾的樂趣，這是跟我之前一個人住在公寓時同樣的樂趣。即使裝飾的地方很小也沒關係，我覺得只要花些功夫就可以打造出合適的空間。

希望透過這本書，能為大家詳細介紹裝飾擺設這件事。可以出版這本與「裝飾生活」相關的書籍，對我來說簡直就像是在做夢一樣。期望可以將我到目前為止累積的經驗，我個人學習到的裝飾擺設的意義和技巧，以及前輩教導我的事情，完整地傳達給大家。

期待所有閱讀這本書的朋友們，都能夠享受裝飾擺設所帶來的樂趣。

Mitsuma Tomoko

STOCKHOLM
A. V.
PARIS

ALGER
A. V.
PARIS
JERUSALEM
A. V.
PARIS
Silverstein The Missing Piece
thinkables
JEANINE BASINGER
A WOMAN'S VIEW
Collages & papiers japonais
NATIONAL GEOGRAPHIC NOVEMBER 1979
DICK BRUNA
MEER ZIEN SEE MORE

WINTER SECLUSION
RITUAL SPRAY

contents

目次

02

裝飾生活的步驟1——空間——

03

裝飾生活的步驟2——物件——

04

裝飾生活的步驟3——裝飾方法——

05

決定裝飾主題

本書的使用方式

本書將裝飾擺設的專業知識與技巧，分成祕訣與創意兩大主題進行介紹。

PART 01 針對什麼樣子的擺設叫做裝飾，以及將陳列擺設融入生活中會變成什麼樣子，做了完整的說明。

首先，請各位了解每一項祕訣的內容，當你具備了裝飾的基本知識之後，再試著參考實際執行案例。

PART 02-05

將裝飾擺設的祕訣分成空間、物件、裝飾方式、主題等 4 大項目進行解說。最開始的那一頁附上照片來說明祕訣的內容，接著從下一頁開始介紹實踐這項祕訣時的技巧和重點。

PART 06

最後，依據 21 種祕訣的裝飾方法，為各位介紹不同季節可以運用的小創意。請大家參考進行裝飾的空間、物件選擇的方式和搭配組合的方式。

本書內容的相關諮詢

非常感謝您購買日本「翔泳社」由台灣「創意市集」代理繁體字出版的書籍。本公司為了適切地回應讀者們提出的詢問，請各位參閱以下說明。並請各位閱讀以下項目內容後，依據指引提出詢問。

●提出問題之前

請參考本公司網頁的「勘誤表」，上面刊登了截至目前為止發現的錯誤訊息更正內容和追加資訊。

勘誤表：https://www.shoeisha.co.jp/book/errata/

●諮詢方式

請利用日本公司網頁的「發行物 Q&A」提出。

發行物 Q&A：https://www.shoeisha.co.jp/book/qa

如果無法使用網際網路的話，也可以透過傳真或是郵寄方式，與以下「翔泳社讀者服務中心」聯繫。

恕不接受電話諮詢，請各位見諒。

●關於回覆

我們將依據您提出諮詢的方式回覆給您。依據您提出的詢問內容，可能需要數日或是更久的時間才能回覆。

●諮詢時的注意事項

超過本書主題的內容，沒有明確寫出相關內容位置，或是因讀者既有的環境因素造成的問題等，這類內容均無法回覆，還請見諒。

●郵件寄送地址及傳真號碼

寄送地址　〒160-0006　東京都新宿 舟町 5

傳真號碼　03-5362-3818

收件人　（株）翔泳社　讀者服務中心

※本書中記載的情報為2021年12月當時的資訊，相關訊息、網址、商品價格等可能會在未經預告之下進行變更。

※本書的出版雖力求內容的正確性，但包括作者和出版社皆未對書中內容做出任何保證，依據書中內容和樣品活用之後的結果，本出版社也不具任何責任。

※本書中記載的公司名稱、產品名稱皆為各公司的商標與產品登錄商標。

PART

01

開始著手裝飾之前

首先，讓我們試著思考一下陳列擺設這件事。

比如說，跟店家展示之間的不同之處，

裝飾這件事為生活帶來什麼樣的影響等等。

不需要想得太複雜。

請各位務必試著感受陳列擺設這件事所帶來的樂趣。

何謂「裝飾生活」

《每個角落都好看的家提案》這個書名指的就是裝飾生活。

其實這件事一點都不困難，任何人都可以輕鬆地著手嘗試。

只要稍微改變一下想法，就能搖身一變，讓家成為舒適的居住空間，或是美妙的生活場景。沒錯！就是這麼簡單。

透過裝飾，或許連心情也會跟著改變。

如果再學習一些小技巧的話，就能夠把家裝飾成漂亮的樣子。

這些都會透過接下來的實際案例進行演練，但是在開始動手裝飾之前，我想傳達給各位的是「為什麼要裝飾？」和「裝飾之後變成什麼樣子」這兩件事。

這麼一來，從PART 2開始為大家介紹的21種祕訣，應該會更具意義。

感受季節變化，享受裝飾之樂的習慣

我的娘家，固定會在年底換掉該年十二生肖的裝飾色紙，並在春天用油菜花裝飾，夏天則在屋子裡鋪上草蓆，每個季節都有固定要做的事情。

雖然我們不是很頻繁且熱衷於陳列擺設的家庭，但是因為有了這些可以感受季節變化的光景，所以這些便在我的心中留下很深遠的影響。

日本人居住在四季分明的國家，本來就有一顆享受季節變化的心。

而且，在日本建築之中還有「床之間」這項文化。床之間是從茶湯文化誕生的，透過床之間的擺設，可以呈現出季節感或是當天的主題，那裡簡直就是現代的展示櫥窗。由此可知，在日本一直以來都有進行裝飾的習慣。

說到床之間的位置，大家可以發現就是在進入屋子之後，自然而然映入眼簾的地方。透過床之間的裝飾，這個空間不只是一間房間而已，更是化身為迎接賓客，為了展示而存在的空間。

因為有床之間，讓屋內的氛圍煥然一新。

現代住宅已經很少有床之間了，但是我們可以輕易地創造出「小小的床之間」＝「裝飾空間」，只要小小的空間就可以了！

日本人本來就擁有陳列裝飾的習慣，這就是享受季節的心，也是提供款待的好客之心。透過這樣的行動，自己也跟著雀躍不已。

養成裝飾的習慣，感覺上好像是一件很困難的事情，但不妨請大家先試著感受一下不同季節所帶來的樂趣吧！

為什麼要做店家的櫥窗展示

對店家而言，商店的櫥窗就是醞釀季節氛圍的地方，同時也是可以用來宣傳新商品的空間。

店家的展示本身就是商品宣傳之一，只要是可以觸及顧客視線的地方，就是適合用來展示的位置。畢竟就宣傳效果而言，吸引眾人目光是最重要的事。

所以商店櫥窗大多面對人群，位在人潮眾多的大馬路上。即使在店內，包括面對走道的櫥窗空間，進入店內的門口位置，以及底端貨架上方的空間等，都會成為重點展示的位置。

基本上，在這些空間做呈現時，一般會搭配西洋情人節或聖誕節等季節性的節日，宣傳那個時期所推出的新商品。

這些空間有時候也會單純用來傳達季節感，或是展示店家要傳達的主題。即使是擺放同樣的商品，只要改變季節感或呈現的氛圍，整體看來就充滿了新鮮感。

也就是說，雖然沒有改變店內的所有東西，但是只要看到精心擺設的部分，季節感就會隨之改變，給人一種彷彿整間店都變得不一樣的新鮮感，這樣的效果相當顯著。

各位應該都有在逛街的時候，因為街道上的裝飾全都變成聖誕節氣氛而感到興奮不已的經驗吧！

變更商店整體裝飾是一件大工程，但也可以配合不同時期，改變幾個重點展示空間的裝飾，就可以隨時保持新鮮感，這就是擺設的意義。

當然，如果是在視線正前方位置進行裝飾的話，效果會變得更加顯著。

將陳列擺設的效果融入日常生活之中

和店家的陳列一樣，我們也試著在屋內視線正前方位置規劃裝飾的空間吧！經常在那裡放一些季節性花草，或是喜歡的東西，增添美麗又具有新鮮感的裝飾如何呢？

來到家中的客人，如果第一眼就看到這些地方的話，就算屋內整體擺設沒有改變，還是可以透過這些大自然的綠意和新鮮感，保持好印象。即使沒有每天將家中打掃得亮晶晶的也沒關係，只要維持裝飾空間的整潔就可以了。

換句話說，我們也可以將陳列擺設應用在家中，達到跟店家裝飾一樣的效果。

沒有規定空間非得要越大越好，重點在於，那個空間是不是視線會觸及的地方，裝飾其實與空間的大小並無直接關係。

現在我終於知道了，原來母親總是把鮮花裝飾在玄關處就是這個原因，因為玄關就是最具代表性，會將客人的目光聚集的地方。

店家裝飾與住家裝飾的差異

住家與店家不同的地方是，觀賞家中裝飾的對象不是顧客，基本上是自己或是家人。由於在屋子裡待最久的是自己和家人，朋友和客人只是偶爾來家中作客而已。

所以最重要的是，要讓自己和家人對這個屋子維持良好的印象，讓家成為舒適的生活空間。

因此裝飾那些對自己和家人來說，一看到就會感覺興奮的東西，是最基本的原則。只有在邀請朋友或客人到家裡來的日子，優先考慮客人的喜好或許才是不錯的選擇。但話說回來，畢竟是邀請對方到自己的家裡來，我認為，基本上擺放自己喜歡的東西也沒有關係。

雖然我說過，只要保持裝飾空間的整潔就好，但這不代表屋子不用打掃也沒關係。整理物品和打掃，是維持生活空間舒適的基本原則。但是如果可以有效地運用擺設，即使不是每天都打掃得乾乾淨淨，心靈上的舒適也能夠持續維持。

裝飾生活所帶來的成效

在日常生活的場域中，準備一個小小的裝飾空間，並且保持這個空間的整潔。這麼一來，就可以隨時看到裝飾的物件。當裝飾這件事變成一種習慣，漸漸地也可以感覺到這是一間舒適的屋子。

此外，也會產生下列這些心境上的變化哦！

- 思考「下次要裝飾什麼呢？」
- 增加對季節的敏銳度
- 增加到花店看花、買花的頻率
- 增加對美的事物的敏銳度
- 想讓家中變得更加清爽
- 開始思考裝飾的主題
- 拍照上傳到社群媒體
- 增加與家人之間的對話

·更加珍惜彼此之間的回憶

……等等。

當你熱衷於裝飾之後，就會開始講究裝飾物件的選擇和裝飾方法，同時也會提升對美的事物的敏銳度，而且這些裝飾的物品也會成為家人之間談話的主題。

比方說，裝飾孩子在嬰兒時期曾經穿過的鞋子，這類充滿回憶的物品時，便能和家人一同回憶那段時光，感覺心頭充滿了暖意。

如此一來，不只讓家成為一個舒適的居住空間，也會將這種截然不同的心情，裝飾的欲望和心頭的暖意，不知不覺中帶到生活場域裡。

透過裝飾幫日子一點一滴增加色彩，，也可以讓生活的場景變得更加繽紛。

PART 02

裝飾生活的步驟1

空間

接下來為各位解說裝飾，也就是陳列擺設的祕訣。

首先，我們先從空間的祕訣開始。

空間很小也沒關係，一定要在有效的位置進行裝飾。

這是基本原則。

用來裝飾的空間很小也沒關係

就算沒有很大的空間，也可以充分享受裝飾的樂趣

談到陳列擺設、裝飾牆面。一想到這些，立刻有一種如臨大敵的感覺。似乎得趕快去買個作為展示架的東西才行！還要準備可以襯托裝飾物品的空間才行！看來有很多人會把裝飾這件事想得很複雜。另外，也有人會說「我家沒有展示的空間……」「家裡已經塞得滿滿的了，沒有那種空間……」之類的話。其實大家不需要把裝飾和陳列擺設想得這麼誇張。

就算沒有添購新的架子，沒有努力清出一大片空間也沒關係，只要在現在居住空間中找一個「小角落」就行了。

比方說廚房窗台的前緣；如果平常會不經意地在這裡隨手堆放雜物的話，或許這就是一個絕佳的裝飾空間。又比如說訪客用的椅子；沒有使用的時候只是收好、折起來靠在牆邊而已，它也可以變身為裝飾的空間。

無論是多麼小的空間，如果決定從今天開始進行裝飾，那裡就是舞台。充分享受裝飾的樂趣，自己的心境和家中的印象也會隨著逐漸改變。

裝飾稍微空出來的空間

如果不是非常寬敞的房子，居住空間或多或少都會受到限制。相信很多人都認為，放置必要的家具和考量生活動線之後，還要安排裝飾空間是不可能的！其實，我們不需要挪出很大的空間來做裝飾，空間很小也沒關係，先準備用來裝飾的空間，第一步的這件事是很重要的。

即使是非常狹小的空間也沒關係。例如窗戶的窗框、收納棚架上方的某個角落、桌面的角落、樓梯的邊緣、玄關處鞋架上方、廚房吧檯的邊緣等，家中應該都有這樣的小空間吧？日常生活中不經意被遺忘的小角落，其實都可以搖身一變成為裝飾空間。

比方說書架就是其中之一。除了必要的書籍之外，如果有一些已經看過的書也塞在裡面的話，建議趁這個機會好好整理一下吧！多出來的空間就可以用來當作裝飾空間。即使不是一整層也沒關係，只有半層也是非常足夠的。

裝飾空間很小也沒關係。腦中想著這個原則，重新檢視家中的環境與空間吧！

廚房吧檯的邊緣

郵件、書籍、電話的子機、手機、遙控器、零食等，總是順手把日常生活中使用的物品放在這裡，這種狀況如果一直維持，很浪費空間。

雖然只是廚房吧檯的一小部分，但任何位置都可以，不過邊緣會比較容易裝飾。我個人特別推薦牆邊角落的位置，不僅可以消除雜亂的印象，家中看起來也會比較清爽。

牆面上挖空的置物空間

在玄關處或是樓梯的牆面、廚房吧檯的前方等位置，如果已經有一個挖空的空間在那裡，不在這裡做裝飾實在是太可惜了。即便是用來當作收納空間，總覺得大小很尷尬不知道該怎麼運用的人，請務必試著在這裡做裝飾。

收納櫃或是牆邊櫃的上方

沒有上述訂製家具的住家也沒關係，還可以活用牆邊櫃，或是收納櫃上方的空間。櫃子的大小不拘，櫃子上方就算不是完全清空的狀態也沒關係。即使只有一半也能夠成為很棒的空間。這裡平常很容易放一些有的沒有的，趁這個機會好好整理一番吧！

THEORY

002

選擇在最有效的空間進行裝飾會改變整體印象

踏進家中的第一步，視線對到的位置就是應該裝飾的位置

明明店內商品沒有做大幅度更換，卻總是讓顧客有煥然一新的感覺。試著分析其中的原因，我發現，店家活用在櫥窗和入口旁邊的桌子等，將顧客視線容易觸及到的地方，進行裝飾。即使整間店面沒辦法進行翻新，只要變更這些重點區域的裝飾，就可以讓店內隨時呈現出嶄新的感覺。

其實在家中也是一樣的。只要變更顯眼位置的擺設，即使沒有進行大規模的裝修更動，家中氣氛也會因為添加新的元素而讓整體印象隨之改變。所以選擇在「一瞬間吸引目光」的位置進行裝飾，是很重要的。

基本上從大門的位置看進屋內，對角線上最深處就是視線自然觸及的地方，所以只要盡力佈置好這個地方，即使其他地方很雜亂，整體印象還是會變好。三不五時替換家中的裝飾，則會給人一種整體升級的感官印象。

最要不得的就是「因為空著」這個理由，就決定用它來進行擺設。這麼一來，只不過是填滿那個空間罷了，沒有辦法達到改變空間印象的效果。

思考哪裡是視線前方的位置

以我家為例，我在進入客廳後第一眼看到的地方做了裝飾用的棚架。多虧有了這個架子（請參照41頁），即使其他空間或多或少有些雜亂，但屋內整體的印象還是變得很好。

除此之外，考量屋內的動線，設置第二個和第三個展示空間也是不錯的選擇。所以當您找尋屋內可以用來裝飾的空間時，請務必將生活動線也一併納入考量吧！

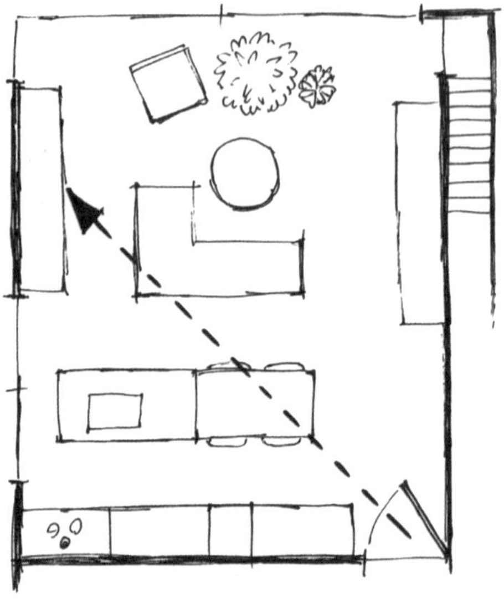

細長的房型也可以在入口處裝飾

這個案例的客廳呈現細長的長方形，深度也比較深。雖然可以從入口處看到對角線上最深處的位置，但是距離相當遠。

因此，我在擺放於入口處旁邊的櫃子上面進行裝飾。這麼一來，就可以創造出進入屋內後，第一時間吸引目光的焦點了。

如同祕訣介紹的，對角線上最深處的地方就是視線自然對到的位置

這間屋子就是按照祕訣設置了裝飾的空間。黑色的電視螢幕看似帶有強烈的存在感，於是我在它的旁邊進行裝飾，這不但不會給人無生氣的印象，反而讓屋內整體呈現出一種柔和的感覺。

在視線正前方的位置做出裝飾空間

這個案例因為大門位置就在客廳的正中央，視線的正前方則是房屋正面的窗戶和窗戶之間的牆壁。雖然可以透過窗戶看到窗外綠意盎然的樹木，但是白色的牆面卻給人一種單調的印象。

於是我在牆面上安裝一個木箱，並且在木箱裡面放一些藝術品進行裝飾。比起只是在牆壁上掛畫，因為箱子本身具有深度，所以能讓牆面不至於顯得太過扁平，而缺乏立體感。

THEORY

003

憑自己的喜好在任何地方創造出裝飾空間

即使只放一張凳子也沒關係，嘗試用自己的方式創造出裝飾空間

依據祕訣2，也可能會遇到「即使找到應該進行裝飾的地方，卻沒有辦法順利成為有裝飾物品可放之處」這樣的窘境。即便如此，直接宣判無法在那個地方進行裝飾是一件相當可惜的事。其實你自己也可以創造用來裝飾的空間喔！

比如說，試著在牆壁上裝設一個小小的棚架。現在這個時代，大家都可以輕易買到不用在牆上鑽一個大洞，就可直接裝設使用的產品，DIY也不再是那麼困難的事。其他像是椅子和凳子的椅面，也都可以試著當成展示的空間。即使只是將裝飾物移到「就是這裡！」這個你想要裝飾的位置也沒關係，就是這麼簡單，只要浮現想法立刻就能執行。

如果空間已經被一整面書櫃或是層架占滿的話，你只要稍微挪動一下書櫃裡面的東西，空出一個位置來，將它當成裝飾的空間也可以。

重點就是，用自己的方式創造出類似「床之間」這樣的空間。簡單擺上一個木質托盤、大碟子或厚重的書本，然後把那裡當成裝飾空間就可以了。鋪上美麗的布巾，吊掛一些籃子，或是堆疊幾個盒子等，創造空間的靈感可以無止盡的發想延伸。

在視線前方的位置，創造出一個小小的空間

大受歡迎，固定在牆面上的層板

包括單純的層板，或是盒子形狀的架子，市面上販售的產品種類相當豐富。雖然深度並不是很深，但是可以裝飾在任何您喜歡的位置，這一點就大大加分。記得在購買前，請先確認好自家的牆面是否能夠裝設。

如果不想將東西放在地上，或是想在廁所和洗臉台等狹小空間進行裝飾時，推薦大家活用這個方法。

活用家中現有的凳子

大家不需要急著添購新的物品，先試著活用家中現有的東西吧！像是平常使用的凳子，就是很好的選擇。由於方便收納，在客人來訪時想在玄關處稍微進行裝飾的時候，它是很不錯的選項。

各位可以在上面擺上一些精油蠟燭等香氛類產品，此舉不但相當美觀，同時也可以營造出香氛的氣息。

創造裝飾空間時，最簡單的方法就是活用凳子和椅子。只要使用家中現有的凳子或椅子就行了，試著將它放在屋內視線對上的位置吧！因為凳子的座位面是平的，在上面放置物品很方便，對於初學者來說也是可以輕鬆駕馭的物件，好移動這一點也是大大加分的。

籃子和盒子除了放在地上之外，如果是一些比較輕的產品，請試著將它掛在牆上使用。它們可以達到等同於相框的效果，讓裝飾更具有統整性。

不只是放著而已，籃子的活用法

將比較淺的籃子吊掛在牆上，營造出裝飾的空間。像我就利用家中天花板的掛畫軌道，搭配透明的釣魚線來吊掛籃子。籃子的形狀不論是圓形或是方形的都沒有關係。

籃子裡裝飾的物品，請選擇重量比較輕的。這次我是用聖誕節的裝飾品和一些乾燥的尤加利葉來進行裝飾。

堆疊兩層紅酒箱

如果是附蓋子的紅酒箱，除了可以用來收納之外，也可以當作時尚的裝飾擺設品使用。大家可以試著將它垂直疊放之後，當成櫃子使用。雖然外型很簡約，但木頭質感和箱子上的商標別具風味。

下層作為收納使用，上層用來當作裝飾的空間，也是很好的選擇。

淺的木箱掛在牆上

如果要將木箱掛在牆上的話，建議使用比較淺一點的木箱。依據空間大小選擇合適的木箱尺寸。如果是帶有復古風的物件，光是裝飾這個箱子本身就能呈現出存在感。

吊掛的時候，請先確認過水平高度之後再將它確實固定。務必注意不要擺放過重的東西。

PART

03

裝飾生活的步驟2

物件

接下來是關於裝飾重要物品的祕訣。

因為是在自己和家人共同生活的居住空間裡，

請使用喜歡的物品進行裝飾吧！

為大家介紹塑造美好形象的物品選擇方式，

以及與這些物品搭配且合拍的相處之道。

THEORY

004

只選用自己或家人都喜歡的東西進行擺設

不用在意美觀與否，而是看見時是否有愉悅感

常常聽到有人反應「不知道該裝飾什麼比較好」。其實答案非常簡單，只要裝飾你喜歡的東西就可以了。

家是為居住者而存在的空間。因為是自己的家，所以選擇裝飾物，不需要顧慮到第三者的觀感，愛怎麼裝飾就怎麼裝飾。像是孩子的勞作，精心收藏的各類酒瓶等，如果是喜歡的東西，請務必一定要擺出來。

相對的，如果是以看起來時尚、美觀與否來選擇裝飾物的話，是很危險的。因為會很容易以為這個家只擺當下流行的東西，換句話說，不過就是將某個陌生人認為是好的東西放在家裡而已。即使是看起來再怎麼美觀的東西，如果不是發自內心喜歡的話，拿這種沒有情感因素的東西裝飾出來的屋子，非但不會讓人有內心悸動的感覺，住起來也不會感覺舒適。

正因為裝飾這項行為，並不是以實用為目的，所以精神層面就變得非常重要。裝飾那些自己和家人每天在生活中看了就會感到振奮和開心的物品吧！

也就是說，裝飾的第一步就是從思考「自己喜歡的是什麼？家人喜歡的又是什麼？」開始。

只要你喜歡，這些東西也可以拿來裝飾

造型小物、圖畫或公仔等，你是否認為，非得要準備那些為了裝飾才存在的小東西呢？其實只要是自己喜歡的東西，全都可以拿來裝飾。

平常，在你不經意購買的物品中，充分反映出你的喜好。例如你喜歡的包裝盒或是杯子、收集的店家小卡、孩子小時候穿過的那雙最喜歡的鞋子等等。不需要在意別人的眼光，試著自由地進行裝飾吧！

包裝盒

零食、蠟燭、餐具、茶葉等，很多精緻的商品連外包裝也做得很漂亮，讓人愛不釋手，捨不得丟掉。我們可以讓它變身成為底座，再搭配一些小東西進行裝飾，用途不受限制。但這類物品通常很占空間，不要大量留存是不變的準則，只留下精選過的幾樣就好。

茶杯和茶杯碟

可以將其他物品放入杯中，或是放在茶杯碟上，這組是很適合用來當成裝飾的物件。像是一些比較復古的設計，或是盛裝濃縮咖啡這類比較小的咖啡杯等，有時候我也會購買這些餐具專門當作裝飾使用。

葡萄酒

酒標設計得很精緻的葡萄酒，在開瓶之前可以先裝飾在廚房的角落。當邀請親朋好友到家中作客的日子一到，搭配酒杯一起裝飾在餐桌上也是很棒的呈現方式。

肥皂

除了可愛的外包裝，如果肥皂本身的顏色和形狀很漂亮的話，也可以在使用前當作裝飾，享受它所散發出來的香味之後再使用。

線和線軸

有質感的麻繩、鈕扣，或是色彩漂亮的棉線等，坊間有不少使用很棒的線繩製作的產品。除了將線捲在線軸上之外，有時光是線軸本身也很適合用來裝飾。單獨的線軸可以當作展示台使用，想要增添色彩時可以再用線繩捲上顏色，是相當好用的小物。

店家小卡

無論是在日本還是在國外，都有很多很想拿來裝飾在家中，漂亮的店家小卡對吧？將它隨意地擺放在玻璃杯中，或是用無痕膠帶貼在牆壁上。尺寸小，容易裝飾這一點是它很大的優勢。

鞋子

家中小孩小時候穿過的鞋子，因為有著縮小版的感覺，所以能搖身一變成為很棒的裝飾。特別是嬰兒鞋之類的，能與第一次穿這雙鞋子的回憶一同留存下來，因此請務必用它來裝飾。

編織手提袋

將東西裝到比較小的編織袋中，就能展現出高度，所以是相當重要的物件。除了天然素材的手提袋之外，塑膠製的彩色越南製提籃也很小巧可愛。

石頭

由於有自然形成的形狀，所以可以營造出融洽的氛圍。任何顏色的石頭都沒關係，如果有多種不同類型的石頭能進行搭配，會更容易用來裝飾。

THEORY

005

不可過度裝飾，或是過度增加擺設空間

過度裝飾看起來就像在收納，如果想要凸顯裝飾物件，就必須留白

在視線正前方的位置，裝飾自己喜歡的東西，明明已經確實遵守這兩項祕訣執行了，卻總覺得哪裡怪怪的。如果你有這樣的煩惱，請試著從「裝飾過多」這一點進行檢視吧！

比方說基於自身喜好收集的酒瓶，如果將所有的收藏品，密密麻麻全部排列出來的話，在其他人眼中，就只是單純收納而已，甚至還可能有一種家中到處都是這些，很雜亂的印象。

當然，如果只是收納的話也沒有關係，但請在比較不明顯的位置進行收納。如果是要放在顯眼的地方做裝飾，某種程度的留白和清新感是必要的，請隨時牢記著「不要過度裝飾」這項法則。

也就是說，即使是喜歡的東西，避免一口氣全都擺出來會比較好。為了做出留白的空間，將其中的一部分放到收納空間裡，等待下一次替換裝飾品時有登場的機會，請用這種循環的方式來考量吧！

另一方面，增加過多裝飾空間也是NG的。家中有過多必須觀賞之處，還是會給人亂七八糟的印象。挑選特定的空間，也是活用裝飾手法，並讓人感覺放鬆舒適的重要技巧。

只是單純排列的話，稱不上是在裝飾

裝飾自己喜歡的東西時，一不小心就會犯的錯誤，就是將收藏品直接排列出來。各位是否在添購喜歡的可愛物件或公仔之後，就立刻追加到裝飾之中，最後變成將所有收藏品全都擺出來的狀況？

不管東西再怎麼可愛，這樣的做法就是NG，完全稱不上是在裝飾。或許對你來說是增加了新的東西，外觀看起來也有了改變，但這樣不但無法呈現季節感，而且看起來都是同樣的氛圍。

正因為都是自己喜歡的東西，所以千萬不要只是單純地排列、擺出來，請好好地將它裝飾一番吧！接下來為大家介紹擺設裝飾的技巧。

嚴選裝飾物件之後進行搭配

配合新年氣氛，從收藏品中挑選出以和風為主的物件，再搭配鈕扣麻布和花布進行裝飾。這麼一來不但可以讓空間留白，也呈現出季節感。

收藏品整齊排列的狀態

包括達拉木馬或傳統工藝品等，這是以馬為主題的雜貨收藏。每個物件都很可愛，各式各樣的種類都有。這樣擺雖然感覺很熱鬧，卻給人雜亂無章的印象。即使改變排列的方式，也幾乎沒有什麼變化。

將收納和裝飾空間分開

首先最重要的事，就是將收納空間與裝飾空間分開。不管任何東西，只要是不會用來做裝飾的，全部都移到收納空間吧！

萬一家中沒有收納空間時，可以將物品裝進可愛的盒子裡，讓盒子本身成為一種裝飾物。（參考第118頁）

拉開裝飾物件之間的距離

好不容易選定了要用來裝飾的東西，但是數量太多是不行的。先試著大略擺放看看，再稍微站遠一點看、確認之後，再慢慢縮小物件之間的距離，這麼一來裝飾就會變得更加簡潔好看。

完成

先回到零的狀態

變更裝飾的時候，不要只是單純替換個別物件，必須將所有物件移開，呈現空無一物的狀態。如果只是替換其中一部分，不但無法有太大的改變，還會讓物品慢慢增加。收納時，去除灰塵等維持乾淨的手續也是很重要的。

衡量收納空間的大小，不要持有過多的物品

當家中整體的物品數量過多時，最後會讓裝飾以失敗收場

為了感受裝飾所帶來的舒適感，家中擺放的物品總數不要增加太多這件事，也是很重要的。相信大家都認為，只要把不會用來裝飾的東西藏在收納空間裡，或是放在別的房間就可以了，跟擁有的物品數量本身沒關係吧？其實這兩者之間存在著很密切的關係。

進行裝飾的那一刻，換句話說就是將其他東西塞到某個地方，才得以營造出完美的空間。但是，如果擁有的物品數量不適當，不知不覺就會塞滿收納空間，甚至還會滿出來。最後，當初刻意營造出來的留白空間，漸漸被不需要的物品填滿，裝飾終究會毀於一旦。這麼一來，好不容易弄得漂漂亮亮的地方，也會因為無法活用物件，而變得一點都不美。

換言之，即使你學會了用來裝飾的獨門妙招，卻還是沒辦法讓空間變得更美。為了不要讓物品滿出來，你必須讓家中所有物品維持在適量的狀態。買了新的就丟掉舊的，不會用到的東西就處分掉。重複這樣的動作，定期檢視物品的數量，這是提升裝飾品質很重要的祕訣之一。

制定物品的規定數量

如何活用有限的居住空間是大家共同的課題，我家也不例外。所以我決定每一件物品，都只保留能放進收納空間的數量，例如紅酒杯就只有放進這層櫃子裡的這些而已。放不下的時候，就該考慮應該丟掉一些東西。

正因為是喜歡的東西，所以不會浪費

即使是已經決定捨棄的物品，依舊是自己喜歡的東西，就這樣丟掉的話感覺很浪費。此時可以將這些不要的東西放入籃子裡，貼上寫著「請自由取用」的便條紙之後放在玄關處等可轉送的位置，當客人來訪時看到它，便能轉讓給有緣人。

留白對裝飾而言是很重要的

雖然無法成為極簡主義者，我卻對清爽的居住空間充滿憧憬。家中除了自己的東西之外還有家人的，但收納空間依舊相當有限。

讓家中裝飾活起來的原因，就是適度的留白。如果物品從收納空間滿出來，甚至蔓延到裝飾空間的話，精心安排的裝飾看起來也不美了。

所以我每年固定一次，在季節變化之際會定期確認所有物品，減少不需要的物品數量。就像第61頁的照片一樣，特別是小朋友的衣服每一季都得確認一次，即使是喜歡的，萬一尺寸不合的話就捨棄它。

正因為物品維持在自己訂的數量上，才能襯托出裝飾

我很喜歡雜貨和室內設計，再加上職業病，所以一不小心就會買太多東西。但也是因為想把家中裝飾得美輪美奐，所以我努力維持適當的物品數量。

此外，喜好也會隨著年齡增長而有所改變。以前非常喜歡的東西，也可能突然就不喜歡了，所以沒必要一直留著同樣的東西。正因為是用自己喜歡的物品來裝飾，必須定期確認「現在喜歡什麼？」然後捨棄其他不需要的東西。

THEORY

007

以現有的東西取代購買新品

不要為了裝飾而進行採買，先從現有的物品開始下功夫

或許有很多人認為，因為已下定決心要好好享受裝飾的樂趣，所以一定要備齊各種最好的配件，好好大顯身手才行。但是，裝飾並非完成後長時間不做更動，而是必須配合季節做更替，或幫不同活動變更裝飾的內容，並從中得到樂趣。如果每次都要準備新的東西，只會讓物品不斷增加而已。

在不增加物品的前提之下，我們應該做的，就是重新檢視現在手邊擁有的東西，並且想辦法活用它們。比方說，大家都認為利用蛋糕架進行裝飾是很棒的方式，但若從購買蛋糕架這件事開始著手的話，就是沒有做到長遠考量的NG行為。蛋糕架的魅力在於營造裝飾區域的高低差，達到變成一個小展示台的效果。如果是這樣的話，只要將家中現有的盤子和碗堆疊起來，也可以達到同等效果。同樣的道理，假設目前手邊沒有蠟燭台，也不用立刻跑去購買蠟燭台，而是找找家中是否有東西可以替代。例如，把家中現有的紅酒杯反過來使用就剛剛好耶！也會有這種讓你意料之外的新發現。

首先從手邊現有的東西下功夫

為了讓物品維持在適當的數量，得留意不要添購太多商品。但若發現自己喜歡的東西就會想要買，而且擁有一些的話，裝飾起來也會更方便對吧？

但是如果不假思索全部都買的話，只會讓東西不斷增加而已。我可以理解大家想要裝飾到盡善盡美的那種心情，但請務必告訴自己，不要急著添購新的東西，先試著利用現有的東西享受裝飾的樂趣。而且意外的是，有很多東西是可以拿來替代使用。

裝飾時，它能讓物品呈現出高低差，看起來也更加美觀。如果有蛋糕架、高腳容器，或是三方*的話就相當方便。除非是真的非常喜歡，或者是會常常用到的話，就另當別論，原則上沒有必要為了裝飾而去購買。

＊註：「三方」指神道儀式時，用來盛裝貢品的台子。

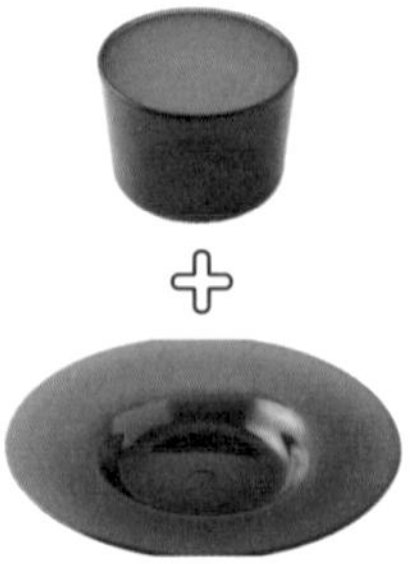

即使是同樣的物件，改用玻璃製容器時，又會呈現出完全不同的感覺。玻璃單純的線條和質感，呈現出硬質物件特有的沉穩洗練風格。這時只要先有一個玻璃杯，然後選擇和杯子口徑大小相同，有底腳的盤子，放在玻璃杯上面就可以了。

將兩個木製的碗搭配在一起，就可以做出想要的高度。將其中一個碗反過來放，在底部貼上雙面膠之後，再將另一個碗疊放上去，就是這麼簡單。如果底部平整不會搖晃的話，將碗和托盤等不同形狀的物品組合在一起也沒關係。

將可愛的容器當作盆栽包裝

原本是裝奶油的木製包裝盒，我讓它搖身一變成為盆栽的外包裝。裡面的植栽仍是裝在黑色塑膠盒的狀態。在盒子裡放入小盤子和吸水紙，就可以避免水從縫隙中流出來。使用紅茶罐也可以讓盆栽可愛變身哦！

將紅酒杯反著放變成蠟燭台

只要將高腳的紅酒杯反過來放就可以了！平坦的杯子底部放上蠟燭之後，就成了蠟燭台。建議也可以使用高度不同的紅酒杯來製造高低差，或是使用形狀不同的杯子做出變化。蠟燭可配合不同的季節更換顏色，放在托盤上則更有一體感。

將透明的玻璃花瓶當成相框

將玻璃製的花瓶拿來當成相框使用，也是非常明智的方式。建議使用大一點的款式，方便將照片放進去，或是在沖洗照片時配合花瓶大小調整照片的尺寸，圓形的花瓶也ＯＫ。有顏色的玻璃花瓶雖然也不錯，但是相較之下，透明花瓶比較能呈現出相框的感覺。

THEORY
008

要裝飾什麼？物品可以決定整體印象

要呈現裝飾風格，從基本物件著手嘗試的話就不容易失敗

像是架子該怎麼擺之類的，只要多累積裝飾方面的技巧，所有物品絕對可以華麗變身成為漂亮的裝飾棚架。如果可以這樣斷言當然是最好的，但是除了裝飾的方式之外，「裝飾什麼東西」也是非常重要的。尤其是使用少量物品完成一件裝飾的時候，每個單一物件的存在感都會變得更加巨大。換句話說，裝飾的物件形塑了裝飾的整體印象。

當然，如同在祕訣4裡面提到的，用自己喜歡的東西進行裝飾是沒有關係，但必須隨時意識到「選擇的物件會影響裝飾整體給人的印象」，所以必須慎選用來裝飾的物品。

各種不同造型和顏色的蠟燭；會反射光線的美麗玻璃製品；墊在下面可以讓整體視覺效果達到平衡的木質托盤，以及很適合用來當作裝飾，光是放著就可以有效營造氛圍的籃子。這些就是用來呈現裝飾時，固定會使用到的基本款物件。剛開始嘗試的時候，可試著從上述物件中挑選出喜歡的，照理說應該很難會以失敗收場。其他像是花瓶、動物造型飾品、淨化空氣的植物、相框等等，都是建議使用的物件。

AMBER & MOSS
CLEANING HINTS & TIPS

喜好改變了，所以在這個當下做出取捨選擇

還記得小學時我參加學校合唱團的集訓，大家都揹著後背包，只有我帶著一個大籃子前往。我從那個時候開始就很喜歡籃子，而且從小也就很喜歡玻璃製品，甚至還準備了自己喜歡的玻璃餐具，專門用來吃沙拉。

我認為有自己喜歡的東西，實際使用或者光是看著它們，都會感覺很開心、很滿足，這真的是一件非常幸福的事。但隨著年齡增長，我漸漸了解到，這些東西全部都保留的話會很占空間，而且喜歡的東西也會隨時間改變。

在年齡逐漸增加，經歷了許多事情之後，自己的想法和喜好會逐步改變，喜歡的物品跟著改變也是理所當然的事。現在的自己還喜歡這個東西嗎？我意識到以這個角度判斷後再做出取捨選擇，是一件相當重要的事。

只將現在的自己喜歡的東西放在身邊，這是對待物品應有的基本態度。

認真思考自己是不是真正喜歡這個東西，同時再次確認自己的喜好。只留下嚴選後自己真正喜歡的物品，讓家中始終維持在一個通風良好的環境下，這件事情相當重要，而且這也是對裝飾生活來說，絕對必要的做法之一。

即使，我小學的時候帶去參加集訓的那個籃子現在還在我家，但現在的我依然對它愛不釋手。

從下一頁開始，要為大家介紹我個人相當喜歡的基本款裝飾小物，請各位將它當成選擇物品時的參考。

蠟燭

色彩繽紛且造型多變，蠟燭也有味道很香的產品，一點燃，四周就能搖身成為讓人身心靈放鬆的空間。不管是平日的餐桌裝飾，或是聖誕佳節，都是不可或缺的物件之一。
我會選擇跟任何物件都很容易做搭配，外型單純且顏色漂亮的產品。裝飾蠟燭的時候，使用新品當然很好，但我個人非常喜歡蠟燭融化之後呈現出來的氛圍，所以常常會將使用過的蠟燭拿來裝飾。蠟燭台和蠟燭拖盤配置的方式，也會改變整體呈現出來的感覺，它可以是色彩搭配的重點，或是做出高低差的重要物件。建議可將蠟燭納入裝飾生活之中。

玻璃

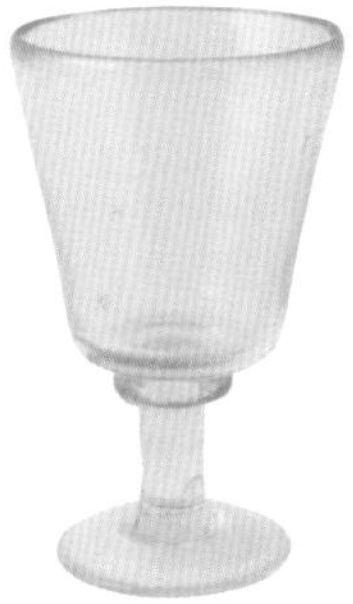

在我的裝飾生活中，不可或缺的物件就是玻璃。因為是透明的，東西放在裡面可以清楚地呈現出來，在光線照射下閃閃發光的姿態，更能讓裝飾整體看起來更加美觀。
談到裝飾玻璃製品，一般認為花瓶是最容易使用的物件，但任何玻璃製品其實都可以拿來替代花瓶。像是多數創作者的玻璃作品或小鉢等，由於本身的形狀就已經相當漂亮，只要稍微裝飾一些花朵，就可以呈現出宛如藝術品一般的氛圍。加上玻璃容器容易清洗，裝飾過後只要確實洗乾淨就 OK 了，所以裝飾時可以盡情地使用。快用自己喜愛的玻璃製品來增添更多樂趣吧！

木質托盤

巴黎的餐廳會將沙拉滿滿地堆放在木質托盤上，料理這樣擺真的很漂亮，讓我大受感動。從那個時候開始，我就愛上了木質托盤。包括木頭的種類、造型，以及製作方式等千變萬化，我個人會挑選木紋比較美觀，以及外形容易使用的產品。
雖然當初希望用在餐桌上，所以購買了許多木質托盤，但後來發現將它用在裝飾上竟然也非常方便。作為裝飾用的展示台，只要加入這個物件就能讓裝飾具有統整性。還沒有購買的朋友，請先試著從大中小不同尺寸進行挑選吧！

籃子

我買過世界各地，以及在日本各地製作的籃子。最近幾年，我開始傾向選擇使用當地特有素材或特殊編織方式製作的產品。
比方說，用來放蘋果的籃子會考量通風性，以及是否方便使用等前提。從自然與生活角度出發的產品，能成就幹練的美麗造型。旅行時，我都會事前調查當地所製作的籃子。
籃子用在裝飾上是方便、不挑空間，相對上比較小的產品，更是能當成台子使用的平坦物件，而且一些帶有把手的產品還可以輕鬆做出高低差。大的籃子也可以吊掛使用，只要稍微花一點功夫，任何方式都可以裝飾。不要只是收著而已，籃子要盡量拿出來用比較好，所以積極地將它加入裝飾的行列之中吧！

精油產品

不知道該裝飾什麼比較好的時候，精油產品會是非常好的選擇。因為大部分的包裝都有漂亮的外盒，看起來十分精美，散發出來的芳香氣味也能在空間中扮演重要的角色。如果在玄關放置高級的擴香器，不但看起來賞心悅目，也能搭配香味一同呈現。

想要做出裝飾的高低差時，擴香器也是不可或缺的重要物件。此外，我也推薦香水、乾燥花、精油香薰燈等產品。存在感不會太過強烈，裝飾後也可以融入那個場域之中，這就是精油產品的優點。

外文書、明信片

在主題性的裝飾中，使用照片和圖畫等具有視覺效果的物件是很重要的。用照片裝飾當然是很好的選擇，但使用繪本或是外文書、明信片等做裝飾，可以讓視覺效果更加聚焦。

孩子小時候很喜歡，充滿回憶的繪本，或是自己很喜歡的外文書，世界各地的明信片，旅遊時拿到的美術館和店家ＤＭ或傳單，我很喜歡收集這類設計精美的東西。

最後，將外文書堆疊出高度之後當成裝飾的展示台，這也是裝飾中不可或缺的一環。

動物造型小物

一看到就會忍不住笑出聲來，與動物相關的主題總是這麼令人愛不釋手。如果在裝飾中加入這種帶有眼睛的物件，也有吸引眾人目光的效果。

像是我從老家帶過來，讓人愛不釋手的河馬，以及旅行時購買的松鼠、羊和駱駝等。洋娃娃這類動物造型的東西因為看起來相當可愛，還帶有一點孩子氣，所以祕訣就是要選擇成熟且單純一點的。這麼一來，跟任何東西都可以搭配，也會讓裝飾變得更容易。

乾燥花、空氣鳳梨

不需要澆水就可以用來裝飾的乾燥花和空氣鳳梨（air plants），只要放在那裡就可以營造大自然的氛圍，是很方便的物件，裝飾的時候絕對不能少了它。

不管在任何地點，就算是突兀地放在書本上面也OK。同樣的，乾燥的果實或是紫陽花的永生乾燥花等，也都是方便使用的物件。

大部分的乾燥花都是我直接將鮮花脫水乾燥之後，自行製作的，其實坊間也有很多不錯的商品。將它們集合成小小的花束，在裝飾使用時相當方便。空氣鳳梨比我們想像中更喜歡水，所以記得要勤奮地澆水，保持美麗的綠意喔！

相框

包括木質、金屬、塑膠等，相框的素材和種類相當多元豐富。我會選擇設計比較單純、簡潔的產品，以便襯托出相框裡人事物的視覺重點。

因為木頭呈現出來的氛圍相當重要，所以木質相框我大部分都會在骨董店內選購。

相框基本上都可以自己立起來，優點是可以裝飾在沒有牆壁的位置上。此外，我也推薦大家可以把空的相框直接掛在牆上做使用。如此一來，視線的焦點就會集中在相框中間，這是可以讓裝飾簡潔有力是專家級技巧唷！

花瓶

圓筒狀等形狀單純的花瓶，拿來插花使用的時候確實是很方便，但如果用在裝飾上面的話，我會選擇外型自然且美麗的花瓶。

可將昂貴的商品和平價的花瓶交錯擺放，請大家試著用「不將它拿來插花，只是單純裝飾也很漂亮」的原則來做挑選。因為不管有沒有插花，都可以用來裝飾，這樣可以讓裝飾的創意更加多元。

Wardrobe
visual CONTRAST

The Magpie

PART

04

裝飾生活的步驟3

——裝飾方法——

決定裝飾的位置和物件之後，終於進入裝飾的方法。

裝飾這件事一點都不困難，

只是將3個技巧進行排列組合而已。

學會了之後，接下來就是實際運用了。

原則是呈現三角形，也就是必須意識到高低差

將不同高度的物品搭配組合，做出高低變化

我希望各位記住的第一個共通性裝飾基本技巧，就是裝飾時必須隨時意識到三角形。只要確實做到這一點，就可以完成比例恰到好處的裝飾，堪稱是裝飾界的王道技巧。只要在腦中想著三角形，然後進行配置，聽起來好像很簡單，卻不至於讓裝飾顯得過度單調。物品之間產生抑揚頓挫的變化，便能很自然的彙整在一起。

這項技巧的用意，就是要意識到裝飾物的高低差。加入一項比較高的物件，把它想成是三角形的頂點，接著再繼續配置其他東西。不管是寬度比較寬，還是高度比較高的三角形，或者很漂亮的等腰三角形，甚至是變形的三角形都沒關係。另外，也可以將掛在牆上的東西當成三角形的頂點，就算不是很高的東西也可以。人的視線可以聚焦在比較高的位置，也可以聚焦在比較低的位置，將兩者混雜著進行裝飾，可說是這個三角形技巧的一大重點。

為了讓大家容易理解，就當成是一種練習，首先我們從裝飾三個物件開始吧！還有，我們不是將個別物件分開來裝飾，而是要拉近它們彼此之間的距離，稍微重疊在一起才能統整成一個裝飾。

UNITED NATIONS HONORS DANISH
SYMBOL OF MANKIND AND HOPE
DAY OF
ISSUE
FIRST DAY OF ISSUE

讓整體的輪廓呈現三角形

配合物品放置的位置，讓整體的輪廓呈現三角形，三角形即使沒有很明確的頂點也沒關係。從打造不同高度，隨時意識到需要增添抑揚頓挫這一點，來進行配置吧！

就算無法成為美麗的三角形也沒關係。例如，利用高度比較低的東西搭配出來的三角形，或是在單邊的尾端放置筆直的圓筒形物件，成為直角三角形。使用高度比較高的物件做出細長的三角形等，讓我們配合現場空間做出三角形吧！

在P85的照片中，將相框放在正中間做出最高點。左右邊放置的物品高度不一致，是這個作品的重點。

低的三角形

使用高度比較低的物件組成的三角形。將最高的位置移到哪裡都可以，配合裝飾的空間和物品進行調整吧！在這個範例裡右側是最高的，運用酒器的酒嘴和植物葉片的線條營造出節奏感，此時為了善用這個物件的外型，所以我試著沒有將它們重疊擺放。

直角三角形

在左右其中一邊做出頂點，然後以並排的方式排列裝飾物件。裝飾在櫃台角落或是架子邊緣的話，便可營造輕鬆的氛圍。如果只用一個物件沒辦法呈現出想要的高度時，也可以透過堆疊其他物品的方式來創造高度。比方說，可以在餅乾盒下方再放置小盤子。物件不需要彼此重疊，清爽地擺放就可以了。

等腰三角形

在比較高的空間裡，務必打造出一個等腰三角形。利用細長形的物件進行組合，呈現穩重的感覺，像是蠟燭和花器都是很方便使用的物件。為了想讓右側的樹看起來更高一點，所以我將玻璃小缽反過來放，做成一個小小的底座。

有節奏感，以平均的方式橫向排列

有多個氛圍相似的物品時，建議使用並排法

在前面祕訣09的內容中，為各位介紹了意識到三角形這件事，是普遍性最高的基本技巧，然而在這裡為大家介紹的裝飾方法，相對於這個基本技巧來說，就是比較不尋常的方式。意識到三角形，是在任何一種空間都可以應用的技巧，但平均排列這種裝飾方式，則是適合用在寬度較窄和深度較淺的架子，這類稍微特別一點的空間。半腰窗的下緣，也可以使用這種裝飾方式。

相同的東西，或是氛圍類似的物品，有節奏感的做排列，並刻意稍微讓畫面單調一點。祕訣是，排列時必須注意不要將物品重疊在一起。這是在物品周圍留白的簡約裝飾法，建議使用在「希望讓大家確實看到裝飾品」的場合。因為這個裝飾方式講求的是「物件連續擺放」的美感，所以除了高度之外，素材和外形也能夠達到一致的話，將更符合這個裝飾方式。

當想要裝飾的物品中沒有比較高的物件，沒辦法做出高低差的時候，意識到這種平均配置的裝飾方式，將更容易統整主題。遇到感覺無法用三角形技巧統整的場域或物件時，請試著改用這個方式吧！

使用具有某種共通點的物件

並排這項技巧中，不可或缺的，就是所有物件都具有共通點的形象。即使無法準備完全一模一樣的東西也沒關係，像是質感、外形、色澤等，找出物件之間存在的某個共通點吧！

如果想要蒐齊同樣的物件，建議在特價的時候一次買齊比較好。第89頁照片中使用的，其實是在IKEA買的玻璃花瓶。這是特價時，以單價不到日幣一百元的價位大量購入的。當然，我也會買喜歡的顏色和喜歡的造型，但在特價的時候買比較容易大量購入。

無間隔的排列

這是P89的應用篇，以不留間隔的方式進行排列。適合用在寬度比較窄的空間裡。若分別插入不同的花，畫面整體的輪廓會因此變大，即使沒有大的花瓶也可以呈現出存在感。

維持平均的間隔

在P89的照片中，利用相同的花瓶以平均的感覺進行排列。排列出節奏感，能呈現簡潔之美。試著插入一朵大大的花，增添畫面的動感吧！

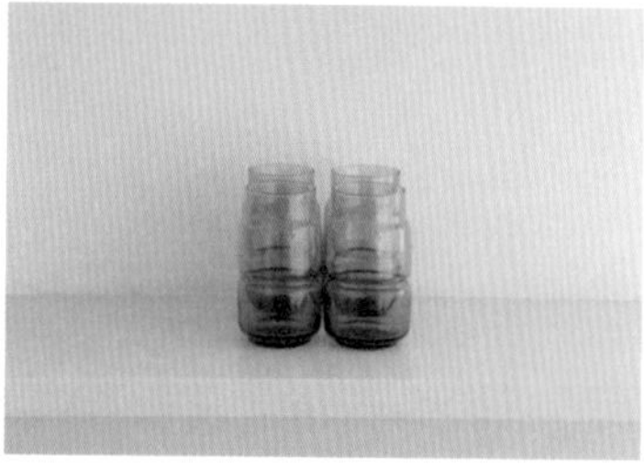

堆放在一起

這也不是正統的方式。將四個花瓶全部堆在一起放在正中央，這樣就可以替代大型花瓶了。即使是一個一個小東西，將它們聚集在一起，可以讓整體看起來較大一些。將一大把滿天星這類小花插入花瓶內，也會很可愛。

兩個兩個並排

這是比較特例的方式，另一種排列方式的變化型。雖然是將物件兩兩重疊在一起，但是原理是一樣的。
這是兩兩一組搭配出來的排列法。因為有重疊的部分，能產生不同的節奏變化；也因為有前後重疊，可以做出深度。

以不同顏色排列

將相同種類的蠟燭依據不同顏色排列，雖然外形和質感都相同，但是因為顏色不同，反而可以呈現出不一樣的深度。照片中使用顏色比較相近的蠟燭來做搭配，如果使用顏色完全不同的蠟燭應該也很棒。

不同形狀和質感

使用玻璃和陶器這兩種包括外形、顏色和質感完全不同的物件來做搭配。由於是分別使用兩個物件，加上高度相同而呈現出一致感。這是適合用在沒有四個完全一樣的東西，但卻可以找到兩個同樣東西的時候。使用不同高度和大小的物件進行搭配，出乎意料的呈現出一致感。

同系列呈現出一致感

同款品牌或同一季的產品，在設計上會呈現一致感。即使形狀和顏色完全不同，還是可以進行統整。萬一找不到相同物件的時候，也可以試著用同系列的東西，排列使用看看。

確定某個東西放上去之後，還能做裝飾的展示台

只要放上去就有規劃過的效果，讓裝飾更具統整性

實際進行裝飾的時候，如果整體印象會變得有些曖昧，可以嘗試將想要裝飾的東西「放在某個東西上面」的這項技巧。只用這個小小的動作，應該能發現，裝飾物瞬間都統整起來了。

建議使用的物品，包括托盤、木質托盤、盒子等。運用書本，或是鋪一塊布，也是不錯的選擇。在這些東西上面進行裝飾，就表示「裝飾的位置在這裡」，視覺上也能達到分區的效果，並確保它是一個展示的空間。原本雜亂無章的物品也藉此達到預期的裝飾效果，看起來就像是某個展示品的一部分，而且展示空間的一致感，也會瞬間展露出來。

如果再將這個展示台的高度提升，整體印象又會更顯不同。將書本和盒子重疊擺放，然後在上面放一個托盤，或是垂著一塊布。將好幾個物件重疊堆放，做出高度的話，不但可以增加整體的份量，外觀也能夠展現出氣勢。特別是在想要用來裝飾的物件比較小的時候，這個小技巧更可以發揮效果，那些小物件也可以透過登上這個展示台，來增加存在感。

THEODORE WATTS-DUNTON
Anu Tuominen thinkables
Silverstein The Missing Piece HarperCollins
This is Pollock
MY BOOK HOUSE
OLIVE BEAUPRÉ MILLER
Kristina Wängberg-Eriksson / Josef Frank · Textile Designs

為裝飾的物件們創造舞台

透過「將某樣物品放在上面」這個動作，能呈現出一致感，讓物品瞬間成為一件裝飾品。在第93頁的照片中，我將好幾本外文書堆疊在一起，如果鋪上一塊布，或是放個托盤等沒有高度的東西也不錯。使用空盒子等有高度的東西也OK。將2至3個盒子疊在一起，或是將很多個盒子重疊使用也可以。

如果沒有托盤等專用物件也沒關係，像是手帕之類的布製品、木質托盤、一般托盤、鏡子、書本、空盒子、罐頭的可愛外包裝等，只要是平的，可以在上面放東西的，都可以拿來試用看看。

只擺放一個

最簡單的方式，就是只擺放一個物件而已。照片中，我在木質托盤上放著一個很大的玻璃花瓶和石頭做的物件，然後再插入乾燥花。雖然是將大小完全不同的物件組合在一起，但是放置在木質托盤上就呈現出一致感。

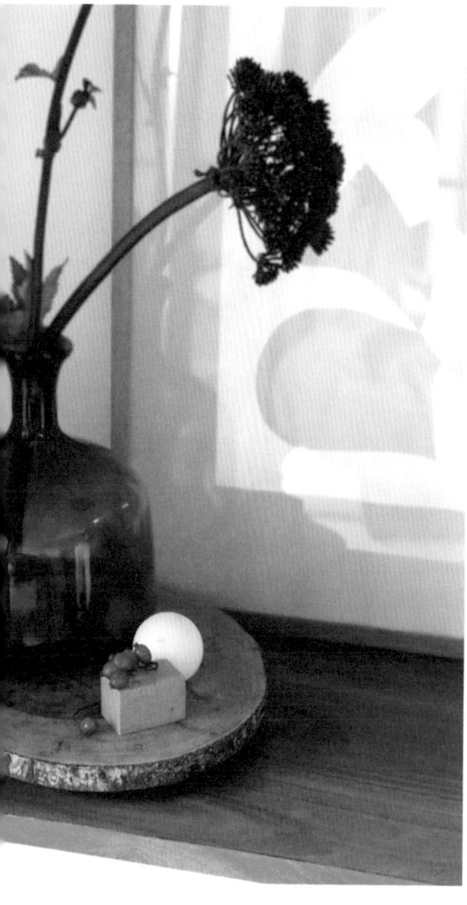

首先，可試著利用家中喜歡的餐具和木質托盤，也很推薦使用有可愛設計的罐子和盒子喔！

兩個重疊

接下來試著將兩個同樣的物件重疊在一起。這個是用來裝托盤的空盒子，因為很可愛而且盒子的質地很堅固，所以特別把它留下來運用在裝飾上面。重疊的時候要稍微錯開一點，才不會顯得過度單調。當然，依據不同的東西，也有必須整齊擺放才好的物件。

三個重疊

照片中重疊擺放的，其實是沙丁魚罐頭。在食用前先擺放在廚房裡，享受展示的樂趣。堆疊三個同樣的罐頭，做出整體感和需要的高度。如果從旁邊來看，金屬質感加上堅硬的質地，也為裝飾整體加分。大家也可以像這樣，將庫存食材使用在裝飾上面唷！

配合不同空間，將三種技巧融會貫通

將三種技巧融會貫通的話，到處都能進行有品味的裝飾

意識到三角形，有節奏的橫向排列，還有堆放在某個物件上面。本書介紹了三種裝飾方式，是為了提升裝飾品味的基本技巧。其次，就是衡量空間大小和裝飾物件之間是否達到平衡，然後將這三項技巧進行組合就可以了。換句話說，為了達成「有品味」的裝飾，必須學會的技巧就只有這三項而已。

如果是小空間的話，不需要採用所有的技巧；但若空間變大的話，透過不同技巧的組合，就能讓裝飾更自由的擴大。而且這些技巧透過組合、搭配，可以變為更具份量的裝飾，也適合運用在其他寬闊的地方。

接著以左方的照片為例，上層右側的那一堆東西使用了三角形的技巧。下層的右側則是橫向有節奏的並排技巧。接著，可以發現將裝飾物件放在托盤和書本上的技巧。試著用這樣的方式分析後，不難發現，只要確實學會這三項技巧，應該就能發展出更多元的裝飾方法。你是否也感受到「裝飾真的超乎意料的簡單！」這種好心情呢？

HOW TO AVOID A LIGHTNING STRIKE
PLAIN SIMPLE USEFUL
BOOKMARC

依據場合，自由的進行排列組合

雖然只有三項技巧，但隨著地點和物件的不同，裝飾完成後呈現出來的感覺也是五花八門，最重要的就是必須配合地點進行調整。在小空間裡塞入太多東西是NG的，即使是稍微大一點的空間，裝飾時還是必須意識到留白這件事。

如同第97頁的照片一樣，分成上下兩層進行裝飾時，也得考量上層與下層之間必須達到平衡。上層在左側留下一大片空白，下層則是在右側留白。上層的右側有一個小小的三角形，下層則是在左側有一個大三角形。上層在裝飾的時候刻意調整了物件的質感，避免有單調的感覺。至於擺設的技巧方面，在同一層之中，也以好幾種不同的擺設方式來表現。整體來說，就是分別在上下層都做出了高低差。

三角形＋三角形

這是利用同樣技巧進行組合的裝飾方式，裝飾的整體外形也呈現三角形，左右兩側則分別做出了大小不同的三角形。因為這是很容易呈現出高低差的裝飾手法，可以讓裝飾有抑揚頓挫的感覺。

三角形＋並排

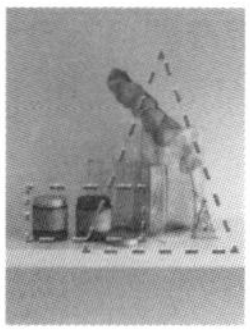

右側透過玻璃製花瓶和從夏威夷帶回的飯店用品，呈現出三角形，左側則排放著蠟燭。利用乾燥的尤加利葉做出高度，一眼就可以看出三角形的頂點位置。

三角形＋重疊

我在右側做出一個小的三角型，左側則是使用空箱堆疊之後，再放上乾燥的植物，整體看起來也有高度的抑揚頓挫。在這裡，我使用了毬果和乾燥花等複雜的物件，但是堆放在空箱上，並不會呈現出雜亂無章感。

製作自己喜歡，固定的風格和模板

裝飾本身如果有一貫的風格，不僅容易統整，也不需要煩惱

目前為止，介紹給大家的基本技巧雖然很簡單，但如果每次都必須從零開始構思搭配組合和裝飾方法的話，真的很麻煩也很花時間。想要更輕鬆地享受裝飾樂趣的話，設定對自己而言的成功裝飾模板，就會方便許多。換句話説，就是將自己喜歡的搭配組合和排列方式記下來，讓它成為固定的風格、模板。接著只要活用這個模板，替換實際用來裝飾的物件，就可以讓裝飾變得更加容易。

因為三角形是最基本的裝飾形式，所以先讓我們確立使用三個物件排列組合的模板。例如，使用外文書×精油擴香器×動物造型小物進行組合；使用外形迥異的物件來排列組合會比較容易。決定好三種用來搭配的物件之後，接下來就是好好地摸索配置方式，然後把它當成自己的固定模板。這麼一來，只要將外文書替換成同樣大小的相框，將擴香器替換成同樣高度的蠟燭，就可以完成一個新的裝飾，再也不需要煩惱該如何替換裝飾的內容，輕輕鬆鬆就能搞定。

THANK YOU !

確立搭配方式之後，必須注意的事項

這是將四角形物件和圓形的物件進行組合。不要全部都只有小的物件或只有大的物件，請同時注意尺寸、大小所呈現出來的抑揚頓挫，使用各式各樣不同外形的物件進行組合吧！

雖然大小尺寸都不同，但全部都使用四角形的物件，會因為少了圓潤感而給人單調的印象。不管東西有多麼可愛，這樣的陳列也會顯得缺乏裝飾感。

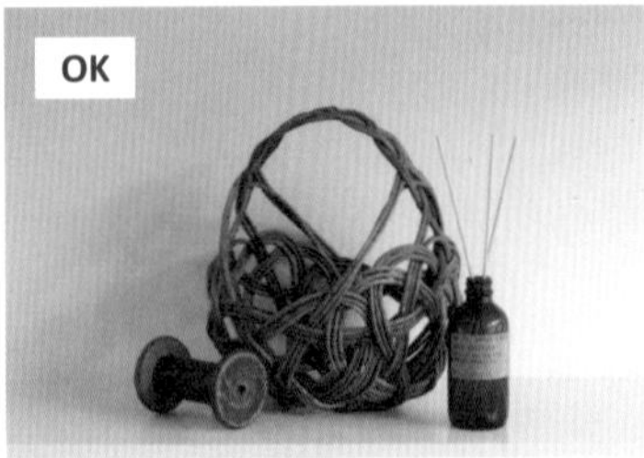

將各種物件稍微重疊之後進行配置吧！這樣子擺看起來具有一致感，整體變得很像裝飾品的感覺。此外，也讓人感覺到這個空間的深度。可以不用將所有東西都重疊在一起，但至少選定一個位置重疊擺放。

無論是物件大小的抑揚頓挫，以及外形的分量感都很到位。雖然有時候像這樣子間隔開來擺放也很漂亮，但如果全都分開放的話很難有統整性，會變成「只是放著而已」的狀態。即使全部都是一模一樣的東西，透過不同的擺法，呈現出來的感覺就會不同。

擁有裝飾的固定模板

透過裝飾物件的組合方式決定模板之後，就可以享受輕鬆更換裝飾的樂趣。

前面介紹了幾款我的風格模板，如果各位將自己喜歡的物件排列組合之後做出自己原創的模板也很棒。換句話說，就是擁有絕對不會失敗，專屬於自己的裝飾模板素材。

不過，因為在搭配和擺設的時候得有各自的重點，所以請大家試著記住，在進行搭配的時候，為了不要顯得枯燥乏味，要選用多種不同質感和外形的物件，而在擺設的時候則要做出物件重疊的部分。第101頁的裝飾，就是接下來要介紹給大家的風格模板之一，我選擇使用紅色的蘋果，並添加一些乾燥花和卡片一起做搭配。

外文書×精油擴香器×動物造型小物

四角形的外文書，再加上動物造型小物等圓潤物件。因為擴香器的高度比較高，所以和外文書完成了將兩個物件重疊擺放在一起的任務，還可以釋放出香氣，是非常優秀的物件。瓶身的質感和顏色也能變化出多種印象，平常可準備各種不同的瓶子搭配使用，會相當方便。同時意識到三角形，所以在外文書的兩側分別放置羊的娃娃和瓶子。

明信片×籃子×香氛商品

這是第二個使用精油商品進行搭配的範例。我選用了圓形的籃子，雖然不少四角形物件帶有生硬的感覺，但整體依舊給人圓潤的印象。將明信片貼在牆上，卡片的一部分便和籃子重疊在一起。

玻璃製品×水果×木質托盤

其實水果是在裝飾時相當方便使用的物件，自然的色澤相當漂亮，也可以呈現出季節感。在食用之前，拿出來享受一下裝飾的樂趣吧！放置在木質托盤上面，立刻就能夠呈現出裝飾感。

蠟燭×空氣鳳梨×罐子

用來做出高度的蠟燭，我選用不同尺寸的產品做搭配，以達平衡。這裡的底部看起來有點單調，所以添加了一點「空氣鳳梨」。植物的外形極具生命力，外形也呈現出份量感。在這裡使用了不同顏色的蠟燭，透過這個方式表現季節感和多樣的不同印象。

花瓶×相框×石頭

花瓶和相框是很容易做出三角形的組合。如果將花插入花瓶中，更能夠做出高度，還可以透過這個方式調整三角形的頂點位置。我在旁邊擺上天然的石頭，當作對比。

利用一塊布，為陳列設計施展魔法

一塊布就能讓裝飾截然不同，讓模樣和立體感油然而生

提到將布料運用到裝飾上，大家第一時間浮現的，大概就是把它當成展示品，或掛在牆壁上來欣賞布料的圖案。利用布料來做裝飾其實很簡單，只需將布料的質感和顏色添加到裝飾之中就好。即使是沒有圖案的布料也能達到同樣的效果，而且只使用一塊布還能產出多種模樣和立體感，整體印象也會大幅改觀。布料可以為裝飾施加魔法，讓裝飾的等級大幅提升。

鋪上一塊布，與前面提到的托盤或書本同樣可以達到劃分區域的效果。只要一塊布，就可以創造出裝飾的舞台。不管是平整的鋪在跟架子平行的方向，還是稍微斜斜的擺，隨意地將皺褶聚集在一起，或是垂在架子前面等，只要小小的改變，整體印象就會大大不同。所以試著拿一塊布加入吧！應該會感受到很不一樣的效果。

還有，顏色的影響也很大。比方說，只是鋪上綠色和紅色的布料之後再進行裝飾，聖誕節的氛圍立刻油然而生。其他像是拿一塊布將某個東西包起來裝飾，或是塞到籃子裡然後從邊緣垂下來，在花瓶下面鋪一小塊布或蕾絲等，這些都是很棒的創意，裝飾的涵蓋範圍也會越來越廣。

VISION
SERVICE
OIL

手帕也可以拿來當作裝飾

很多人都認為，布料如果運用在裝飾上，一定要準備長條桌布這類專門用在餐桌擺設上的東西，或是大尺寸的桌巾才行。其實沒有這麼困難，我們日常生活中使用的手帕或領巾、廚房擦拭布等，都可以應用在裝飾上。冬天的時候如果使用羊毛領巾或毯子的話，輕輕鬆鬆就能展現出季節感。

即使是尺寸比較小一點的布料也OK。拼布或是多餘的布也都可以，只要是自己喜歡的圖案和顏色，試著將這些都加到裝飾裡面吧！這個簡單的動作，就可以營造出屬於自己的風格。

對了，使用的時候稍微用熨斗燙一下，看起來會更漂亮唷！

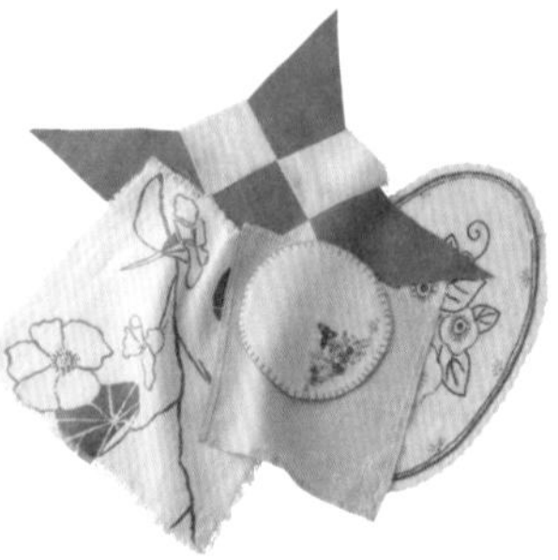

小塊布料

旅行時我常在當地購買，充滿回憶的布巾和復古風的碎布、拼布、蕾絲墊（裝飾用的小型桌墊）等迷你尺寸的布料，也可以拿來作為杯墊使用。

手帕、領巾

我很喜歡的手帕和領巾，或是有喜歡的色塊圖樣都可以。用它們來包覆其他物件時（參照P109），如果尺寸稍微大一點的領巾會很方便。

廚房擦拭布

以麻紗或棉紗製作的廚房擦拭布。素色的產品也可以，如果有幾種不同顏色的話會更好搭配。只是將喜歡的擦拭布掛在廚房裡，也可以成為一種點綴。

蕾絲

包括以勾針編織的蕾絲和梭織的花邊蕾絲等，各式各樣的蕾絲。顏色選擇白色或原生色，雖然沒有繽紛的色彩，但編織的花紋和質感都能成為裝飾時非常出色的點綴。

平鋪

這是最簡單的使用方式，取代木質托盤和一般托盤，鋪在想要點綴的位置。我只是將手帕對折之後鋪著而已，因為要讓大家清楚看見布的花紋，所以選擇時請考量與裝飾物件之間是否達到平衡。

垂下

平鋪的應用篇。不是平整的鋪在架子上，而是稍微讓它有些歪斜，垂在架子的前緣。這樣不僅能讓布料產生動感，也可以讓大家感受到空間的深度。

包覆

就是用布巾來創作裝飾物件的感覺吧！包覆在裡面的東西沒有任何限制，請配合想要創作的東西其外形來做決定。這是以布巾為主角的裝飾方式，想要展示布料圖案的時候，或是想在這裡放置這個顏色的物件，但是找不到合適的物品時都可以使用。

模仿喜歡的場景，是邁向成功的第一步

透過模仿並實際動手進行裝飾，可以加深對祕訣的理解程度

已經知道必須自己摸索裝飾方法，製作成功裝飾的固定模板，但還是想破頭不知道該怎麼做才好？如果你也有這樣的煩惱，這時我建議使用「模仿」來開始。

舉凡在電影中看到讓你印象深刻的室內裝潢，或是外文書中排列著自己覺得很漂亮的玻璃瓶等。試著使用家中現有的物件，重現這些觸動自己心弦的場景。當然，如果是翻閱本書時剛好找到你喜歡的照片也可以。以精進裝飾技巧來說，模仿是非常有效的手段。

即使手邊剛好沒有一模一樣的物件，也可以試著運用家中現有、類似的物件來裝飾。請找出素材感、外形、風格相似的物件，透過高低差、物品間重疊、在下面鋪布巾等方式，試著一邊模仿一邊著手進行。多嘗試幾次之後，相信一定能深切地感受到，至目前為止，我介紹的裝飾祕訣並內化到身體裡面的感覺。透過觀看來琢磨品味，在模仿之中學到技巧。和其他學習方式一樣，只要按部就班累積經驗，裝飾的功力也會扎實的持續進步。

試著重現喜歡的照片和景象

這是嘗試模仿外文書中的照片，所完成的裝飾成品。雖然只用了都是玻璃素材的物件，但是物件選擇和排列方式都呈現出我自己的風格。

從我家的起居室，能看到廚房櫃子最上層的空間，放著我個人很喜歡的用玻璃製品完成的裝飾。使用喜歡的玻璃工藝家的作品，以及充滿回憶的物件進行配置，雖然材質全都統一為玻璃，但是產品色澤和重疊時的玻璃光澤都相當美麗，所以是我個人非常喜歡的裝飾。

其實這個裝飾的背後是有故事的。當我翻閱外文書的時候，其中的某一頁始終停留在我的腦海裡，那是一張在白色架子上排著各種玻璃瓶的照片。因為我非常喜歡這張照片，所以模仿後完成的，就是這個裝飾作品。

這個方式不僅可以獲取自己腦中沒有的想像和靈感，在嘗試模仿之後，也會產生出其他新的點子。裝飾這件事是沒有邊界的，還能為家中增添不少新鮮感。如果有喜歡的照片或是設計的話，請務必試著將它納入資料庫中。

過期的外文雜誌

當我還是美術大學的學生時，姊姊從法國買了當地的雜誌給我當作伴手禮，那些到現在我都還留著。當年受到很大衝擊的我，一次又一次翻閱雜誌，有的雜誌我整本保存下來，也有只將喜歡的那一頁，或是將照片剪下來收藏的。

旅行時的照片

旅途中拍攝的照片也是很重要的靈感來源。除了店家的展示櫥窗和大門前的裝飾之外，還有廣場和建築物出入口的模樣，街景樣貌以及植物等，你可以從各式各樣的物件之中得到裝飾的靈感。

電影場景

各位在觀看電影時，應該有過那種「覺得這間屋子好棒喔！」的時候吧？即使沒有辦法讓整間屋子都跟電影裡的一模一樣，但如果只是做一些小空間的裝飾，就可以輕鬆地進行模仿。同樣的，也可以從餐桌擺設獲得靈感哦！

讓收納也可以是一種裝飾

如果選擇可愛的日用品，收納也能搖身一變成為裝飾

家是每天生活的空間。當然，我們沒辦法單靠裝飾品來過日子，而且也有很多實用的物件必須進行收納。如果可以將裝飾空間和收納空間完全劃分開來當然很好，但只要生活在屋子裡，東西就無可避免一定會混雜在一起。所以建議大家即使是收納用的物件，也試著用裝飾這個角度來看待，這樣生活品質會比較好。換句話說，就是「展示收納」的意思。

首先必須意識到的是，即使是日用品，仍必須多選擇看了感覺很可愛，而且要盡量購買同樣材質的產品，或是用顏色來挑選也很重要。比方說材質全都是木製品或不鏽鋼製品，顏色全部都是黃色或是黑色的。光是這樣，收納就會變得相當輕鬆，看起來好像是特別做過裝飾一樣。

除此之外，將玻璃製的保鮮罐當成收納容器使用，或是將收納當成展示品呈現出來，也是很實用的做法。或許各位覺得，能看到內容物的收納商品因為缺乏隱蔽性而失去原來的功能性，但由於玻璃其實能發揮如櫥窗展示的功能，所以那種完全秀出來給大家看的效果，反而值得期待。

VÉRITABLE
EAU IONISÉE
HYGIÉNIQUES RECTIFIÉES
OFFICINE
UNIVERSELLE
BULY
PARIS
FABRICATION FRANÇAISE
DE BAOBAB
MY GLOW

可愛的東西、精緻的東西，更應該擺出來

我們很常聽到「展示收納」這個字，但在這裡提出來，並不是要求各位備齊這些東西不可。只要大致備妥這些相同材質和顏色的物品，然後當作裝飾，呈現出來給大家看就行了。

比方說，讓大家看到自己喜歡、很可愛的化妝品外盒設計，你也會跟著變得很興奮對吧？餐具和用品也是同樣的道理。可愛的東西或精緻的東西，只要意識到他們是裝飾的重點，然後進行擺設，就能當成是一件裝飾品，展現給大家看了。

建議將家中雜亂無章的東西裝進玻璃容器中，像是不鏽鋼製的餅乾模型，色彩鮮豔的細線，剩下的碎布等裁縫用品，外盒很可愛的餅乾糖果等。如果可以統一顏色和材質的話，即使內容物被看見也不會給人雜亂無章的印象。

第115頁的照片，是將看起來相當雜亂的保養品裝進玻璃容器中，給人清爽的印象。

透過顏色來統整

廚房裡面有各式各樣的東西對吧？雖然是容易展露生活感的空間，但即使只是將顏色相近的物品湊在一起，也能呈現出裝飾的感覺。如果有瓶裝物、外盒，或是顏色相近的餐具，將這些物件擺在一起就不會顯得單調。

透過材質來統整

同樣是在廚房，就得將木質托盤和木製的物件擺放在一起。如果將木製、金屬製、玻璃等各種不同屬性的物件混在一起，即使物件本身各具特色，但還是會給人雜亂的印象。請依據擺放的位置來區分，並試著按照不同材質屬性，分別擺放。

將可愛的物件擺在一起裝飾

在收納毛巾的層板上，連同漂亮的外盒一起裝飾，只是這個小動作，整體印象就會完全改變。這是因為，在收納之中加入了裝飾這個元素的關係。如果空間方面能有點彈性的話，將完全不相關的物件一同做展示，更能夠呈現出裝飾的感覺。

使用時尚的收納商品，同時也是一種裝飾

若選擇看不到內容物的收納商品，也能同時兼顧實用×時尚兩種效果

即使知道了備齊收納物件的顏色和材質是很重要的祕訣，但只要是日用品，應該有很多都是沒辦法湊齊的。到底應該以實用的便利性為主，還是以美觀為優先呢？其實大可不必勉強自己非得要二選一不可。只要改變收納商品本身的選擇方式，就可以同時兼顧了。

你必須選擇的應該是物件本身讓你愛不釋手，具有優異設計的收納商品，而且是看不到裡面的那一種。想要收納的東西即使帶有生活感竟還能藏起來，這種「維持裝飾美觀又兼具收納功能」，一石二鳥的物品。

比方説，一個古董盒子。看起來像是裝飾了一個盒子，同時又可以將護手霜和遙控器等，總是會不小心隨手放在架子上的雜亂物品收納起來。又比方説，那些可愛的餅乾罐。罐子本身有自己喜歡的圖案，裝飾這個愛不釋手的罐子時，裡面也能收納郵票和明信片。從價位稍高，夢寐以求的木盒，到小巧可愛到捨不得丟掉的糖果盒，任何東西都可以。務必找出喜歡的收納商品，讓它好好發揮一番吧！

JERUSALEM
A. V.
PARIS
STOCKHOLM
A. V.
PARIS

既然都要裝進去，就放進漂亮的容器裡

在我家，我會將手機和平板等各種看起來雜亂無章的線材，全部裝進籃子裡收納。只要將籃子放在辦公桌上，書櫃的某個角落，就成了小小的裝飾。

家中的空間有限，如果有妥善的收納空間是最理想的狀態，但卻常常事與願違。儘管如此，如果雜亂無章的東西顯露出來，屋內就無法維持清爽的感覺。但是讓大家看到收納箱又好像不太適當……

這時推薦給大家的就是這個祕訣。當收納商品本身就是個很棒的物件時，即使放在外面也不會在意，因為它本身就可以拿來當作裝飾。

不過，無論怎麼塞都沒辦法將東西完全收納進去時，就是物品數量過多的證據，有必要減少物品的數量。篩選你真正需要的東西，保持可以做裝飾的物品數量吧！

下一頁，將為大家介紹我個人推薦可以用來裝飾的收納小物。

可愛的空盒和空罐

各位家中是否也有「不知道為什麼想保留下來」的可愛空盒和空罐呢？如果有的話，可以將它活用在裝飾上。裡面可以收納零散的東西，然後當成裝飾用的物件，放在視線停留的位置吧！相信可以在不經意之間發揮功能。

籃子

不管是將一個籃子或多個籃子並排放置，都會成為一幅美麗的圖畫。包括有附把手的或者有蓋子的，籃子的種類相當多，任何東西放在裡面都很方便拿取，是非常好用的收納工具，也是我珍愛的寶藏。

薄片木盒

這是非常優異的裝飾物件，薄片木盒就是橢圓形的木製盒子，是19世紀時基督新教分支之一的震教徒，所製作的家具和用具。它有各種不同的尺寸，同時備有大的和小的盒子一起使用會相當方便，也可以和其他物品一起堆疊使用。

PART

05

決定裝飾主題

完成美麗的裝飾之後，
試著加上主題吧！

為了讓裝飾更具完整性，
可將季節變換和豐富色彩加入生活之中。

確立主題可以避免擺設失焦

先決定好主題，便可輕鬆統整成有格調的裝飾

當我在進行店家裝飾的時候，幾乎都是先決定好主題，再進行裝飾。思考這次要傳達什麼樣的訊息給顧客，實際跟店家討論之後，慢慢將範圍縮小，然後確立最終的主題。有了主題，等同於獲得了明確的目標和方向，裝飾也會變得更容易統整，在為了達到更吸引顧客目光的前提之下，進行裝飾。

自己的家也可以用同樣的邏輯來思考。或許各位會覺得「只是裝飾家中的架子還需要主題嗎？」但比起只是想裝飾得很漂亮這種不明確的想法，決定主題之後就不會感到迷惘，與店家的裝飾相同，還能順利統整裝飾。

比方說，以旅行中曾經造訪的法國東南部都市尼斯為主題。我將馬蒂斯的明信片當作裝飾的主角，再搭配當時購買的餐具和撿拾的貝殼。此時，我腦海中浮現法國國旗的顏色，便將藍色和紅色當作主色進行配置，也是不錯的選擇。

如果確立主題，想像就能無限延伸，有時也會有一些出乎意想之外的發想，更有可能想起塵封已久的物品，這也是決定主題再進行裝飾的優點。

happy
birthday

煩惱不知道該裝飾什麼東西的時候，從決定主題開始嘗試

雖然想裝飾些什麼，卻沒辦法選擇合適的物件。這時，請務必試著決定裝飾的主題，這個動作將成為你選擇物件時的指引。同樣的，雖然決定了想裝飾的主要物品，卻不知該如何搭配哪些物件時，有主題的話，也會幫助你更容易做出決定。

第127頁的照片是以尼斯之旅為主題的裝飾，以旅途中入手的物品為主，用上讓人聯想到大海的深藍色布巾來統整這個裝飾。此時突然回想起大家為我慶生時的各種回憶，於是加上了Happy Birthday這個小牌子。下一頁為大家簡單介紹決定主題之後，進行裝飾的程序，請大家務必參考看看。

下方照片中，我試著在同樣位置擺上沒有主題、隨意展示，那些我喜歡的餐具來做比較，以及決定主題之後進行裝飾的差異。雖然灰色明信片和玻璃杯也很漂亮，但是如果像左側這樣設定主題的話，就可以讓裝飾具有故事性。這個主題的話就選擇這個物件，這樣裝飾的話會如何呢？腦中會浮現出許多構想。

決定主題之後，匯集物件

任何裝飾主題都ＯＫ，包括季節性的活動、喜歡的國家、家人的共同回憶、喜歡的電影或音樂等，只要決定好一個主題，就會孕育出更多相關的發想。接著從家中現有的物品之中，匯集與這個主題相關的物件。

選擇並試著配置

從匯集的物品之中，考量與主題之間的關聯性高低、季節感、個人喜好、物品之間的搭配性等，選出合適的裝飾物件。然後只是隨意擺放也沒關係，試著在想要裝飾的空間實際動手配置看看。排列出來之後，就可以看出不足的東西或者多餘的部分了。

調整並進行增減

將多餘的物品撤掉，或是添加不夠的來進行調整。這個範例因為欠缺整體性，所以我才在下面鋪了一塊布。此外，為了做出高度的抑揚頓挫，我把明信片放到玻璃杯上面，這麼一來就完成第１２７頁的裝飾了。

無法決定怎麼裝飾時，可以挑季節或節慶來當主題

納入季節和特殊節日等要素，從小空間開始讓場域產生變化

每次替換裝飾時，都必須思考新的主題，是一件很辛苦的事。基本上，事先決定用哪個季節，或以特定節日來進行佈置的話，一切就會變得簡單許多。像是以女兒節或中秋節等節日作為主題，整體意象會變得相當明確。即使只是以春天、秋天等季節來進行歸納，春天希望加入粉紅色，秋天想用芒草裝飾，立刻就可以聯想到這些內容。

在日本，一直都有配合季節和節慶在「床之間」進行裝飾的文化。如果想用更輕鬆的方式呈現，將它運用到家中的層架和牆壁上時，會如何呢？日本除了傳統的季節性活動之外，也增加了像是聖誕節和萬聖節等新型態的節慶活動。裝飾這件事，沒有非得要全部加進去，但即使是一個小小的空間，只要配合季節性更換裝飾的話，就算沒有大規模的變動，還是可以輕鬆地讓家中有一些變化，讓日常生活多一項調劑。

我們可以多留意季節變化和節慶活動，當銀荊開始開花，就擺出一些迷你南瓜，也會敏銳感受到花店的店頭擺設變化，你應該也會想在家中裝飾一些花朵和大自然物件。我們生長在四季分明並有很多節慶活動的國家，沒有不把它們加入到裝飾裡的道理啊！

春

為大家介紹在同樣位置，不同季節所呈現出來的裝飾。首先是春天。

春天，我使用粉紅色的意象做統整，以花為主題進行顏色上的搭配，包括小碟子和明信片都選帶有粉紅色的。作為裝飾伸展台使用的外文書，也挑選書背是粉紅色的書籍。

夏

夏天是海的意象，我使用了海綿動物和貝殼隨意地進行裝飾。鋪上藍色布巾除了讓裝飾更具有統整性之外，也可以讓擺設整體散發出清爽的氛圍，並透過玻璃容器增加涼爽的感覺。使用和風的籃子做搭配，意外地沒有違和感。

秋

秋天能以芒草和栗子的樹枝為主，使用茶色系進行統整。笳籬與平坦的籃子只要靠在牆上，就能當作呈現高度的框架來使用。秋天很容易打造出和風的裝飾，所以我擺上了精油的擴香器，來添加歐風的印象。

冬

冬季常常會使用紅色，紅色和白色的組合也會變成聖誕節和新年的感覺。另外，我也建議大家可以使用松毬、紅色果實和樹枝，並利用玻璃的光澤營造出華麗的印象。雖然物件的品項比較多，但因為顏色統一，便能呈現出一致感。

容易營造季節感的物件

粉紅色物件

粉紅色就是櫻花的顏色，也是春天的顏色。從淡粉紅色到稍微深一點的粉紅色都能混著使用，更能傳遞紛紅色之美。

蝴蝶造型

表現春天，不可或缺的就是蝴蝶。使用蝴蝶圖案的商品或玩具，會讓人產生擁有很多時尚物品的感覺。

鳥類造型小物

春天，宛如可以聽見野鳥的鳴叫聲。由於會有燕子等候鳥飛來過冬，所以鳥類具有春天那種令人感到興奮的印象。

貝類

貝殼傳達了清爽的夏季印象，在沙灘上找尋漂亮的貝殼，常常不小心就忘了時間。海星的外形相當吸睛，是很適合用來裝飾的物件。

玻璃容器

玻璃是一整年都能使用的萬用物件，特別在表現夏季時，更是不可或缺。在玻璃杯裡面放入其他物件，透過玻璃杯觀看的時候，更能讓裝飾呈現清涼的感覺。

繡球花

繡球花呈現出梅雨季節那種濕潤的感覺。將繡球花做成乾燥花或永生乾燥花之後，可以直接擺放作為裝飾，相當便利，也很適合拿來搭配復古的氛圍。

笳籬

即編織篩，使用平常在廚房裡用的就可以了。在上面擺放水果，或是掛在牆壁上，使用方式千變萬化。依據搭配的物件不同，能呈現出從初夏到秋季之間的氛圍。

雞蛋花

這是南國的花朵，很適合有強烈日照的夏天。雖然色彩鮮豔的品種也不錯，不過我個人比較喜歡白色的雞蛋花。朝花朵中心方向的漸層色相當漂亮，可以成為裝飾中很棒的點綴。

藍色盤子

讓人聯想到夏季天空和大海的藍色陶器，可使裝飾看起來宛如一幅美麗的風景畫。藍色可以和所有裝飾進行搭配，墊在下面能讓整體更具統整性。

雖然不是很特別的物件，但仍為大家介紹幾樣可以透過色調、材質和外形輕鬆呈現出季節感的物件。

芒草

我很喜歡秋天陽光灑落在芒草花穗上透出來的景象，是我很常用的花材。秋天一到。我會外出尋找芒草花穗，因為很容易做成乾燥花，也可以長時間使用。

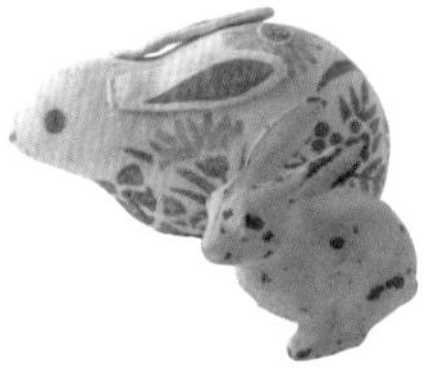

兔子造型小物

包括活動大肆展開的春季，以及有賞月氣氛的秋季，兔子都是相當合適的意象。使用兔子搭配和風或西洋風的裝飾也很合適，是很推薦的動物造型物件。

松樹的毬果

在秋季到冬季之間非常活躍的松樹毬果，樸實的外形不僅讓人聯想到秋季山脈的風景，如果和柊樹或紅色果實搭配的話，立刻呈現出聖誕節的氣氛。新年的時候也可以和松樹搭配，堪稱是全能選手。

毛線球

大家常會忽略掉的毛線球，其實能當成冬季物件，而且只要放在那裡就是一件可愛的裝飾。如果家中有剩下一些毛線的話，試著將它捲成毛線球當成裝飾品吧！

星星造型

金色和銀色的星星讓人聯想到冬季的天空。因為看起來華麗又美觀，很適合用來呈現聖誕節和年底的意象，所以我常常將聖誕樹專用的星形裝飾品運用到裝飾上面。

南瓜

萬聖節在日本已經成為固定慶祝的節日，秋天常常可以看到這種裝飾用的南瓜。由於顏色和外形都極具特色且相當可愛，即使只有一個也相當吸睛。

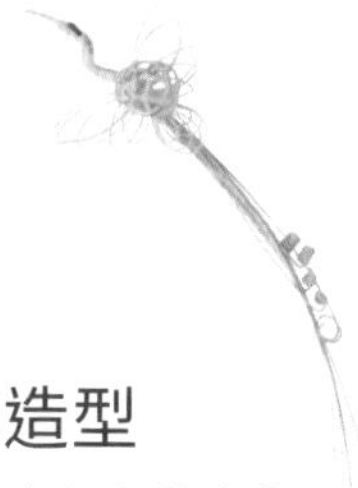

鶴的造型

鶴有代表祝賀的意象，尤其是在日本新年時期，任何裝飾只要加入鶴的圖案，就能搖身一變成為華麗的祝賀象徵。鶴的力量真是偉大啊！

上漆的重箱

上漆的重箱是非常適合用在新年的裝飾物件，不過我平時就經常用它來裝飾餐桌。不管黑色的還是紅色的，可以為裝飾增添色彩，也具有統整全部裝飾物的效果。

木製酒杯

杉木和檜木製成的酒杯散發出木頭的香氣，是和風裝飾中的重要物件。除了新年之外，節分的時候放入豆子裝飾，或是將酒杯立起來放入其他東西都很好用。因為杯口平整容易堆疊，也能成為作出高度的台子。

與家人相關的主題，能夠促進彼此的對話

裝飾能傳達對家人的愛，也會成為彼此對話的契機

想要裝飾在家中的物件，不只是雜貨和造型小物、花朵等物件而已，還有家人的照片，孩子畫的圖畫和勞作，孩子小時候從路邊撿回來說「送給媽媽！」的小石頭等。或許在其他人眼中，它們並不是什麼「時尚的」東西，但對家人而言，這些都是很重要的物件，看了就會有開心的感覺。你也會想要把這些東西以裝飾的方式呈現，對吧？

這種時候，同樣也是先決定主題就變得容易統整的模式。比方說裝飾孩子的圖畫時，決定以「圖畫」為主題，並試著將爸爸和媽媽的圖畫排在一起。如果是以全家人一起出國去夏威夷的回憶當成主題時，就能將旅行中拍攝的照片放進相框裡當作主要裝飾品，搭配當時購買的雜貨和明信片，也可以一同展示出來。

特別是願意花時間用心打理，與孩子相關的裝飾，對他們而言，那裡也會成為一個愉快的空間，關愛也會自然傳遞與流露。而且這種裝飾方法，到訪的友人們也會注意到，並從這裡展開話題。能促進交流與溝通的裝飾，真的很棒！

MORNING GLASS
PINEAPPLE

展示家人之間珍貴回憶的裝飾

希望大家務必要將孩子的學校活動、學習的發表會和家族旅遊等珍貴回憶當作裝飾的主題。

第137頁就是以夏威夷旅遊的回憶，作為主題的裝飾成品。我刻意用黑白輸出的方式列印出家人的照片，來去除照片本身的寫實、抓拍感。透過相框和玻璃瓶做出高度，貝殼串起來的項圈掛在玻璃瓶上能呈現出動態感。這麼一來，就可以做出具有深度又不至於太過平面單調的裝飾。除此之外，也放上在夏威夷購買的紀念品和明信片當作點綴，以鮮豔的顏色來總結。

接下來介紹與孩子和家人相關的裝飾物件。

嬰幼兒商品

孩子在嬰兒時期曾經穿過的鞋子，這是朋友送給我的，有著深厚的回憶，所以一直妥善收藏。我試著跟其他孩子曾經使用過的玩具一起裝飾，因為搭配裝飾的物品顏色略顯單一，相較之下，色彩鮮豔的玩具才不至於太過搶眼。

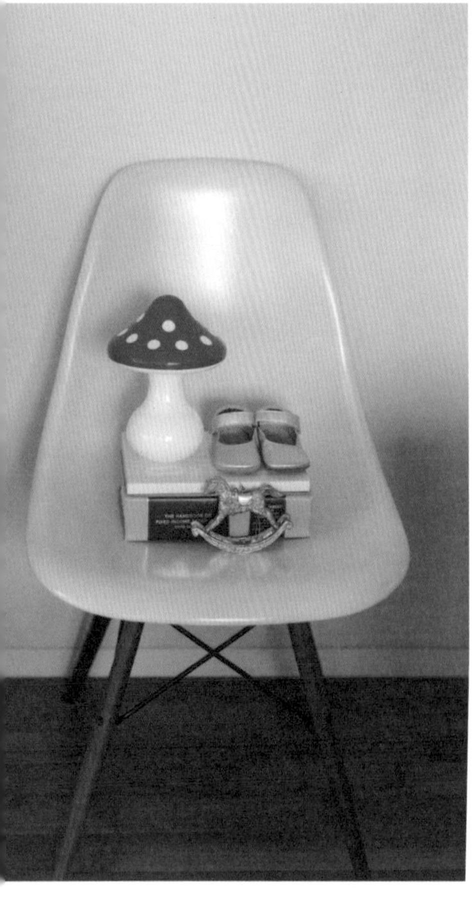

孩子的勞作

學校繪畫課完成的作品，以及學習之後完成的作業等，也請務必試著將它展示出來。跟具有設計感的物品一同搭配，可以讓裝飾更具有統整性。

孩子寫的信

母親節或父親節時孩子寫給爸媽的信，平常我都妥善地保存起來，將它拿出來裝飾也是很好的選擇。把它裝進相框裡，放在工作桌上，再拿個籐編杯墊當作展示台，每次看到這些都會獲得滿滿的能量。

THEORY

021

以嗜好為主，用裝飾讓自己的心情愉悅

讓情緒興奮激昂，感覺愉快是裝飾的最終目的

即使只是小小的空間，每次看到時內心都會雀躍不已，充滿了幸福感。裝飾這件事的樂趣或許就是如此，也因為這樣，裝飾自己喜歡的東西這件事是非常重要的。

試著再次想想「什麼是自己喜歡的東西」，說不定那並不是能用來裝飾的物品。比方說孩子學習的芭蕾，或是自己最愛的小寵物等。也有「大推」的歌手，或是宛如御宅族一般執著追尋的酒中極品。如果真的這麼喜愛的話，還是希望你能透過裝飾，將它們展示出來，因為看著它們隨時都會有愉快的好心情。沒有必要封印，所以試著將它們轉化為讓自己情緒沸騰的裝飾，盡情地呈現出來吧！

腦中想著前面介紹過的各項祕訣，事先訂下裝飾主題。就算無法將那個主題本身展示出來，也可以試著將使用的器具或者可以聯想到的商品一併呈現，將照片或雜誌剪報裝進相框也可以。或許氣氛有點像祭壇，但可以適度地混雜一些關聯性較低的物件來化解。即使結果不盡理想，請以享受過程的心態，在各種嘗試與失敗之間進行摸索，一起做裝飾吧！

重點就是統一物件的色調，使用關聯性比較低的物件進行搭配

用喜歡的物件進行裝飾，尤其在擺放明星照片的時候，很容易變成祭壇的感覺。這種時候，除了和嗜好相關的物品之外，使用一個沒有關聯性的物件來搭配，就能降低類似祭壇的氛圍，才更像裝飾的感覺。

第141頁是以芭蕾這項孩子的興趣作為主題，所進行的裝飾。我使用了孩子學習芭蕾舞時曾經穿過的，充滿回憶的芭蕾舞鞋，以及發表會上使用過的髮飾。選擇手作的雪花球搭配淡粉紅色的芭蕾舞鞋，營造出浪漫的氣息。還有兔子造型小物和皮尺圖案的手環等，利用氛圍相近但關聯性很低的物件來做搭配。在這裡，我只使用相框的外框來增加作品的抑揚頓挫，將有底座的白色高腳瓷杯反過來，當作一個小台子使用。

酒類收藏

如果喜歡喝酒，常常在家中小酌的人，請務必試著用酒瓶進行裝飾。包裝本身很可愛的話是最理想的，使用親手製作，用來保存酒類的容器進行裝飾，也很好。下面鋪一層蕾絲墊，使用松樹毬果搭配之後，瞬間變成一項裝飾。

「大推」商品

想要裝飾喜愛的藝人或者歌手的周邊商品時，可將照片改成黑白的，利用沉穩的色調進行統整。「大推色」請控制在表現抑揚頓挫的程度就好。搭配黑白照片時，花瓶和蠟燭是很容易成為祭壇氛圍的物件，使用上一定要特別注意。建議用迷你南瓜和書本等關聯性較低的物件，來做搭配。

喜歡的造型小物

像是貓咪和馬匹等，喜歡收集這類造型小物的人也很多。雖然很想全部都擺出來展示，但如果可以按照當時的心情，或是搭配季節挑選裝飾物件的話，會更有效果。選擇和風的物件就會有日本新年的感覺，但我在這裡則用紅酒箱做出裝飾的空間。

SALTY
CARAMEL

PART

06

實踐

54種小空間的裝飾創意

現在，試著動手裝飾屋子吧！

感受季節的氛圍，

用各種類型的裝飾讓家成為舒適的生活空間。

第一步，可以先試著模仿本書中介紹給大家的小創意喔！

春

將整套女兒節的人偶，裝飾在架上的角落位置。鋪上紅色布巾，除了呈現出類似人偶陳列台的感覺，也讓裝飾更具統整性。我將裝有雛米雪（女兒節果子）的迷你酒杯和白色蠟燭，以左右對稱的方式配置。請注意，高度不要超過人偶的高度。

將手帕鋪在椅凳上面，做出一個裝飾空間。上面只放花瓶也可以，但這次我使用小本的書、線軸和鞋子的木製鞋楦，來進行搭配。

將油菜花插入花瓶之後放在地板上，然後把畫框立在牆邊可以確立框線位置，讓畫面更聚焦。

這裡是玄關處鞋櫃上方的空間。將聖誕玫瑰插入花瓶中，雖然花瓶的形狀不一，但因為都是同一種素材所以呈現出一致感。下面鋪著木質托盤，讓作品具有統整性。

同樣是在玄關的鞋櫃上，這次改用茉莉花來裝飾。一樣在下方墊著木質托盤，但是改用和風餐具來做搭配。

使用大量的銀荊花，
並根據銀荊花的份量
感做搭配，將兩個玻
璃容器並排在旁邊取
得平衡。最後調整位
置，讓整體畫面呈現
出三角形。

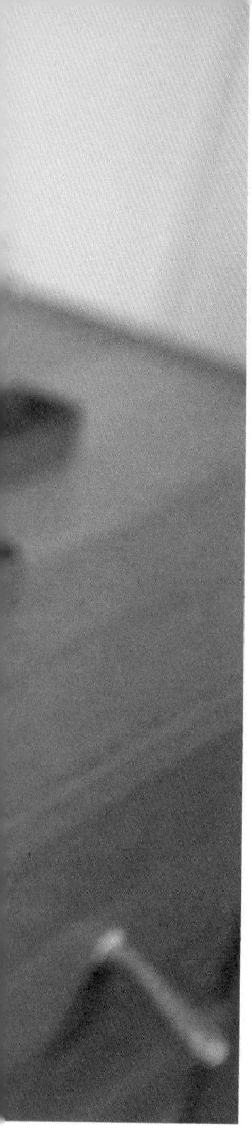

母親節時收到的花束和香水，連同盒子一起進行裝飾。我將它們裝飾在廚房吧檯的角落位置，每次看到的時候都會覺得心情很好。用籃子插花的時候，別忘了像左邊小圖這樣，在裡面放入玻璃杯。

開得比較早，在老家摘的粉紅色繡球花，放在色彩鮮豔的椅凳平面上做裝飾，給人華麗的印象。作為裝飾物件，椅凳很適合放在喜歡的空間，是相當便利的道具。在平台面上貼壁紙，或是用紙膠帶做搭配也是不錯的選擇。

將插著雛菊的3個玻璃杯並排，像這種花瓣很大的花，只用1朵來裝飾也具有強烈的存在感。用來喝飲料的杯子，光是排列在一起就是一種裝飾。

用孩子們製作的摺紙勞作來裝飾，如果顏色統一的話，像是粉紅色等，即使是色彩鮮豔的摺紙，也能夠成為可愛的裝飾。把鯉魚旗放在編織籃裡，更能夠融入屋子的感覺。

夏

將我最喜歡的玻璃製品堆放在窗台上，即使是廚房裡現有的東西，在高度上做一些變化，並使用石頭和漂流木等比較不具關聯性的物件進行搭配，就能夠淡化是日常生活用品的感覺。

沒有赤竹葉也能完成日本七夕的裝飾。將茶蠟（漂浮蠟燭）漂浮在水面上，製造清涼的感覺，然後剪一張銀色的色紙墊著，彷彿七夕的裝飾一般。稍微增加一些綠意也不錯。

這是以貝殼為主進行的裝飾，放兩本外文書，然後在上面擺放貝殼。建議也可以將可愛包裝的護手霜等日常生活用品拿來做裝飾，需要時還可以立刻取用，相當方便。

有客人來的日子，活用準備好的玻璃杯和盤子、紅酒瓶等進行裝飾。在餐桌的正中央或在廚房吧檯的角落進行裝飾，讓此處搖身一變成為高雅的空間。

在容易顯現生活感的廚房中加入綠意。利用濃湯或空的茶葉罐當成花盆，然後將木質托盤靠在牆壁上立起來，做出高低差。

使用綠色，含枝葉的植物來呈現夏季的裝飾。即使是在廚房使用的洗手乳，如果包裝很可愛的話，也可以直接拿來當成裝飾物件，和石頭搭配讓畫面具有抑揚頓挫感。

秋

這是中秋賞月的裝飾。雖然不是月見團子，但使用盤子盛裝圓形的大福也無妨。即使家中剛好沒有三方之類的專用器皿，也可以用馬克杯和托盤等有底座的容器來取代（參照 P66）。在此，我使用芒草和兔子造型的玩偶搭配裝飾。

這是萬聖節的吊飾。不想將裝飾物放在地板上的人，建議多多活用牆面。我使用結著橘紅色果實的南蛇藤和黑色唐辛子做搭配，再用黑色緞帶綁在一起。

秋天是水果的季節，請務必在食用前享受一下裝飾的樂趣。柿子這種水果本身的顏色就很漂亮，裝飾之後看起來就像是一幅畫，將它堆放在藤籃上，跟栗子的果實和蠟燭進行搭配。

萬聖節時有很多物件都相當適合用來做裝飾，請務必實際挑戰看看。像是迷你南瓜和南瓜造型的零食，骷髏頭酒標的紅酒也很有趣。這裡以橘色和綠色作為主色，呈現出一致感。

以茶為主題，在廚房進行的裝飾，並匯集了茶葉罐、茶杓和茶壺等物品來完成。坊間很多產品的茶葉罐都很可愛，是很方便拿來作為裝飾使用的物件。

將非洲菊插入玻璃製的花瓶中，花瓶部分我選擇了暗色系的產品來做搭配，呈現出濃濃的秋意，並透過高度的改變做出層次感。

樓梯的台階是很好的裝飾位置，在不影響生活動線的前提之下，請務必活用這樣的空間。我試著在托盤上利用花瓶和蠟燭來做裝飾，然後以芒草、栗子、龍膽草等秋季的植物，搭配具有木頭質感的物件進行組合。

有客人來訪的時候，在玄關旁邊放置這樣的裝飾如何呢？在椅子上擺放香氛產品，以及手部消毒用的酒精。雖然有很多煞風景的物件，但只要將它們放在可愛的籃子裡面，再用乾燥花做搭配，就會變得相當精緻。

將孩子以前使用過的小椅子化身為展示台。使用孩子的圖畫作品、布偶，以及不合尺寸但愛不釋手的靴子來進行裝飾。

為了符合秋天的意象，選擇了顏色比較深的花做搭配，而用來插花的花器其實是一個茶壺。我在茶几邊桌的角落打造一個裝飾空間，利用一塊布和藍色盤子進行統整。將毬果和木製松鼠玩偶做搭配，更增添秋天的風情。

因為秋天是閱讀的季節，所以使用書本來進行裝飾。外文書不只是單純堆放在這裡而已，書本身也是裝飾的一環，並將裝飾物件當成書擋來使用。主色包括了綠色、橘色和黑色。

以波斯菊自然盛開的姿態作為概念，隨興地進行裝飾。搭配花朵顏色使用粉紅色的花瓶，然後擺放幾張散發復古氣息的明信片。

冬

家中沒有聖誕樹也可以營造出聖誕氛圍。在銀色的蛋糕架上面放一個花圈，正中央再擺放蠟燭，選擇高度不同的蠟燭是重點。請將它放在客廳或餐廳的桌上，享受美好的午茶時光吧！

將花圈立在架子的角落，用來搭配裝飾的外文書和嬰兒鞋要選擇顏色比較樸素的，才能營造沉靜的氛圍。

將小聖誕樹放在家中的角落，取代傳統的聖誕樹裝飾，掛上自己喜歡的吊飾或商店小卡也很有趣。將紅酒杯倒過來放，取代蠟燭台。多選用紅色和金色的話，小小的聖誕樹也能營造出滿滿的聖誕氛圍。

星星造型也是聖誕節的時候會使用的物件之一，將它放進玻璃容器中，和蠟燭一起做搭配。

將裝飾品塞進玻璃容器中，即使沒有裝飾在聖誕樹上，卻已充分展露出聖誕節氛圍。建議大家除了將花圈裝飾在聖誕樹上面，也可以試試這個方式。

在開口很大的玻璃容器中，放進樹枝和聖誕燈飾。即使沒有將燈飾掛在聖誕樹上，這樣的裝飾就足以呈現聖誕節的氣氛。這裡刻意使用沒有顏色的燈飾，改以成熟簡潔的方式來統整。

我也很推薦大家將聖誕節的花束掛在牆壁上裝飾，雖然有點樸實單調，但只要將綠色和紅色搭配在一起，就會變得很像聖誕節。

在玄關的鞋櫃上，擺一些以聖誕節為主題的明信片和裝飾小物。除此之外，在復古風的圖案上面搭配單色的木製物件，或是以英文字 X 進行設計的卡片，都能給人沉穩的印象。

這是使用聖誕節到新年期間想要裝飾的花，做成的裝飾。樹枝上有紅色的果實和綠色的葉子，不僅符合聖誕節的感覺，也可以包含新年的意象。植物只要頻繁換水就可以維持很長一段時間，可與放在旁邊的乾燥植物一同搭配。

這是隨意完成的日本新年裝飾，除了鏡餅和注連繩之外，平常使用的裝飾物件一樣也可以呈現新年的氛圍。鏡餅的台子，我花了一點心思找其他物品來替代，並鋪上紅色的布進行統整，呈現出節慶的氛圍。
手工製作的門松風格花圈也很棒。使用長葉松的樹枝，和綁著乾燥果實與紅色果實的南天竹做搭配，用紙捲起來之後，綁上紅白相間的繩子就完成了。
一說到新年，雖然都會想到紅色，但也可以不用紅色來進行裝飾，像是在注連繩的花圈上用大的蕨萁等綠意來統整，打造沉穩的感覺。

COLUMN

裝飾時方便使用的道具和材料

到目前為止，為大家介紹了如何做出裝飾用的空間，以及關於裝飾物件的各種細節，接下來，我要介紹自己在進行裝飾的時候不可或缺的幾項物品。

首先就是蕾絲紙墊。跟布巾一樣的使用方式，只要鋪著就可以達到統整的效果，因為有各種不同顏色，所以想要增添色彩的時候也可以使用。它可以比照布巾的使用方式，但不同之處在於它可以輕鬆的裁剪、摺疊，變更形狀，這是最大的特點。

接著是，例如我們在牆壁上貼海報的時候，常常會使用的隱形膠帶。為了貼近牆壁的感覺，我基本上都會使用白色的，但是如果有一些不同顏色或用不同圖案的膠帶做搭配的話，會更方便。

此外，假如手邊也有細繩和緞帶的話，也是很方便。像是麻繩和紙膠帶，包裝用的緞帶等素材五花八門，建議選用細一點的才不會妨礙到裝飾效果。

可以用來綁成花束，裝飾乾燥花，將它們全部綁起來等小道具，登場的頻率出乎意料得多。這些都不是主要用來裝飾用的物件，卻是在我的裝飾作品中，不可或缺的重要配角。

出乎意料，蕾絲紙墊有很多不同形狀、大小和顏色，紙膠帶和緞帶也有很多不同種類的商品。不知該如何選擇的話，建議可以準備裝飾時方便使用的基本款就好。

COLUMN

讓裝飾長久維持的方法

雖然配合季節和主題的裝飾會定期進行更換，但只要是在生活空間之中，無論如何都會累積灰塵，對吧？

保持清潔的方式，基本上除了勤勞打掃之外，別無他法。在此為大家介紹相關的祕訣。

最重要的就是，打掃用具必須放在立刻能取用的地方。在我家，除塵撢就掛在客廳入口處旁邊的把手旁。這麼一來，只要稍微有空檔就可以打掃。

此外，我將已經不穿的衣服和布類製品剪成小塊之後放進玻璃保鮮罐裡，然後將罐子放在廚房的窗戶旁邊裝飾。

除了去除裝飾空間的髒污之外，像是廚房水槽周邊和玻璃窗等，只要發現髒污就立刻進行清理，便能稍微維持在乾淨的狀態。

裝飾的物件只要在進行替換時，將灰塵去除然後收起來就可以了。但是所有事情都累積到那一次才處理的話，太辛苦了！所以請不定期動手進行清潔維護。

剪成小塊的舊布料像這樣塞進玻璃保鮮罐內，稍微放著也不會覺得突兀。

除塵撢我是使用直接掛在外面的羽毛撢子，因為伸手就能取用，想到的時候隨時可以打掃。

店家索引

包括蠟燭、玻璃製品、籃子、乾燥花等，都是本書中建議大家可以用來裝飾的物件。在此為大家介紹幾家我經常前往，建議去尋寶的店家。

Spiral market

如果想找很特別的明信片或小卡片的話，一定要來這裡。店裡全都是可以為裝飾畫龍點睛，簡單又富有設計感的物品。此外，香氛商品也很多。

http://www.spiralmarket.jp/

Instagram: @spiralmarket_jp

ZARA HOME

相框和花瓶的種類很多，店內依據不同主題做分類陳列，很容易就能找到想要的東西。在潮流與基本款之間達到絕妙的平衡，是裝飾生活不可或缺的店家。

https://www.zarahome.com/jp

OUTBOUND

有著藝術創作者們的籃子、玻璃製品、陶器等，一定可以在這家店裡找到你想要裝飾的物品。店長的陳設也很有品味，可以當成裝飾的參考。

https://mendicus.com/

PUEBCO

有相框、沙漏、飾品盒等，很多都是非常適合用來裝飾的東西，而且每件商品都充滿海外氣息，並具有輕奢感。

http://www.puebco.jp

東京堂

這是一間可以一次買齊所有和花相關材料的專門店，包括乾燥花、永生花、松樹毬果等果實類產品，以及蠟燭、緞帶等應有盡有。

東京堂網路販售網站「マイフラ」
http://myflowerlife.jp/shop

東京堂
http://www.e-tokyodo.com

茶與畫廊1188

店長以他個人獨到的眼光，嚴選了藝術創作者的玻璃製品和木質托盤等，精美創作的商品。不過店家的地點在高知，住在附近的朋友請務必去店裡看看，應該可以直接感受到店長的品味。

Instagram：@kouchi1188
※ 現在沒有做網路販售

d47 design travel store

D&DEPARTMENT 在澀谷 Hikarie 開設的設計物產美術館：d47 MUSEUM。這是開在美術館裡面的商店，店內販售符合日本 47 個都道府縣，具當地人文風情的工藝品和食品，宛如可以親眼看到創作者的樣貌一般，可以找到讓你忍不住想要裝飾在家中的精美商品。
https://www.hikarie8.com/d47designtravelstore/

FLAM

這是位於目黑通上面的一間古董商店，商品以家具為主，也有在海外採購的花瓶和動物造型小物，高質感的展示為店家增添不少光彩。

https://film-interior.com/

・本書中刊載的內容為 2021 年 12 月當時的資訊。
・店家販售的商品或庫存狀況，會隨著不同分店與不同時期而有所更動，尚請見諒。

TIRTIR

每個角落都好看的家提案

軟裝師都在學！

21項 日本職人傳授的空間佈置技巧 × 54個 質感陳設練習

小さなスペースではじめる
飾る暮らしの作り方

作者 Mitsuma Tomoko（みつま ともこ）
間取りイラスト サカガミクミコ
撮影 安井真喜子、伊藤大作、みつまともこ

翻譯 康逸嵐
責任編輯 蔡穎如
封面設計 林雅錚
內頁編排 林詩婷

行銷企劃 辛政遠、楊惠潔
總編輯 姚蜀芸
副社長 黃錫鉉
總經理 吳濱伶
首席執行長 何飛鵬

出版 創意市集
發行 英屬蓋曼群島商家庭傳媒股份有限公司城邦分公司
Distributed by Home Media Group Limited Cite Branch
地址 104 臺北市民生東路二段141號7樓
7F No. 141 Sec. 2 Minsheng E. Rd. Taipei 104 Taiwan

讀者服務專線 0800-020-299 周一至周五09:30～12:00、13:30～18:00
讀者服務傳真 (02)2517-0999、(02)2517-9666
E-mail service@readingclub.com.tw

城邦書店 城邦讀書花園www.cite.com.tw
地址 104臺北市民生東路二段141號7樓
電話 (02) 2500-1919 營業時間：09:00～18:30

ISBN 978- 626-7149-56-0（紙本）／978-626-7149-60-7（epub）
版次 2023年3月初版1刷
定價 新台幣420元（紙本）／294元（epub）；港幣140元

製版印刷 凱林彩印股份有限公司

國家圖書館預行編目(CIP)資料

每個角落都好看的家提案：軟裝師都在學！21項日本職人傳授的空間佈置技巧×54個質感陳設練習 / Mitsuma Tomoko著；康逸嵐 譯. -- 初版. -- 臺北市：創意市集出版：英屬蓋曼群島商家庭傳媒股份有限公司城邦分公司發行, 2023.03
面； 公分
ISBN 978-626-7149-56-0 (平裝)

1.家庭佈置 2.空間設計

422.5 111022171

香港發行所 城邦（香港）出版集團有限公司
香港灣仔駱克道193號東超商業中心1樓
電話：(852) 2508-6231
傳真：(852) 2578-9337
信箱：hkcite@biznetvigator.com

馬新發行所 城邦（馬新）出版集團
41, Jalan Radin Anum, Bandar Baru Sri Petaling,
57000 Kuala Lumpur, Malaysia.
電話：(603) 9056-3833
傳真：(603) 9057-6622
信箱：services@cite.my